MG动画设计5项修炼

文案+脚本+图形+动作+后期　　　　　（修订版）

黄临川　赵竹宇 编著

人民邮电出版社

北京

图书在版编目（ＣＩＰ）数据

MG动画设计5项修炼 ： 文案+脚本+图形+动作+后期 /
黄临川，赵竹宇编著. -- 2版（修订本）. -- 北京 ： 人
民邮电出版社，2021.10（2023.8重印）
ISBN 978-7-115-56874-8

Ⅰ．①M… Ⅱ．①黄… ②赵… Ⅲ．①动画制作软件—
高等学校—教材 Ⅳ．①TP391.414

中国版本图书馆CIP数据核字(2021)第133047号

内 容 提 要

　　本书以 MG 动画制作的完整流程为主线，基于 After Effects、Photoshop 两款软件，分析归纳 MG
动画的运动规律和操作技巧，通过案例演示详细地讲解 MG 动画的制作方法和设计思路，培养读者的
创造性思维，使其能够独立制作出完整而优秀的 MG 动画作品。

　　本书取材新颖，案例丰富，把握 MG 动画发展的前沿，内容通俗易懂，图文并茂，有较强的操作
性和指导性。此次修订基于当前最新版脚本和插件对部分章节内容进行了改写，并提供配套的 PPT、
素材、工程文件和操作视频供读者使用。

　　本书适合 MG 动画从业人员，影视动画爱好者，以及动画制作、平面设计、信息可视化设计等专
业的高校师生阅读使用。

◆ 编　　著　黄临川　赵竹宇
　　责任编辑　王峰松
　　责任印制　王　郁　焦志炜

◆ 人民邮电出版社出版发行　　北京市丰台区成寿寺路 11 号
　　邮编　100164　　电子邮件　315@ptpress.com.cn
　　网址　https://www.ptpress.com.cn
　　涿州市般润文化传播有限公司印刷

◆ 开本：787×1092　1/16
　　印张：14.5　　　　　　　　　2021 年 10 月第 2 版
　　字数：397 千字　　　　　　　2023 年 8 月河北第 7 次印刷

定价：89.90 元

读者服务热线：(010)81055410　印装质量热线：(010)81055316
反盗版热线：(010)81055315
广告经营许可证：京东市监广登字 20170147 号

修订版前言

　　承蒙读者喜爱，本书自 2018 年出版以来，已先后加印多次。有不少热心读者发来邮件，既帮助我们发现书中的错误之处，也和我们交流读后感想。本书不仅被用作大专院校的专业教材、毕业论文的参考文献，还为许多想要踏足或者已经立足于动态图形领域的设计师朋友们提供了支持。在此，作者借本书修订之机，向大家致以最衷心的感谢。

　　相信大家都发现动态图形领域的发展异常迅速，软件更新或升级周期越来越短，优秀的动态图形作品也层出不穷。从第一版图书上市至今，角色绑定脚本 Duik 已经升级到了 Duik Bassel.2 版本，角色的绑定步骤和操作方法都发生了很大的改变。因此，本书修订版在第 6 章"角色动画"一节中，对 Duik 的版本进行了更换，重新梳理了制作流程，对使用步骤和截图都进行了替换。同时，第 1 章、第 3 章、第 4 章、第 5 章中的部分 MG 动画案例也进行了更换，以期挑选出在创意、技术、主题等各个方面更具特色的作品和读者朋友分享。例如作者修订之时，恰逢 2020 年东京奥运会组委会公布了首批将在本次奥运会活动中使用的动态图标，作者也将其作为精彩案例介绍给大家。

　　此次的修订，除提供书中涉及的素材和工程文件以外，作者团队还专门为每章制作了相应的 PPT，供教师或者其他有需要的朋友选择使用。特别感谢王茜、李欣、陈思、彭克容、郑一周、罗福迪、董铠铭、吴玥、李洁雪等在收集整理修订案例和 PPT 制作方面做出的贡献。

　　不仅如此，我们还专门录制了部分重点案例的操作视频，这样读者在阅读本书的过程中，能够结合视频，更好地理解相应的知识点。需要本书配套素材、工程文件、PPT 和视频的读者，请联系邮箱 motiondesignart@163.com 获取。

　　尽管本书介绍的制作方法有所改进和优化，但图形设计法则和动画基本原理，以及 MG 动画制作流程是不变的，作者衷心希望能借本书促进大家对 MG 动画的理解和认识，帮助大家创作出更加有创意、更加精彩的动态图形作品。

作者

2021 年 3 月

前言

Motion Graphic，即动态图形，简称 MG，是近年来兴起于互联网的一种新型动画形式。它是在平面设计的基础上，利用动画技术进行的视觉表达，可以将其理解为会动的图形设计。由于 MG 动画强调信息可视化，同时具有独特的审美风格，它逐渐成为一类相对独立的动画形态，在网络上具有极强的传播力，并且被广泛应用于产品推广、品牌宣传、流程演示、影视片头等众多领域，前景十分广阔。

尽管 MG 动画是当下热门的传播形式，从事或者希望从事 MG 动画的设计人员日益增多，但作者发现，针对 MG 动画的全流程和基础案例制作的教程相对较少。本书希望以 MG 动画制作的完整流程为主线，以 MG 动画涉及的 After Effects、Photoshop 两款软件为基础，通过基础案例详细讲解 MG 动画中文案、脚本、图形、动作、后期这五大步骤涉及的具体制作方法，帮助读者掌握软件操作技巧，并独立制作出完整而优秀的 MG 动画作品。

但是请不要误以为本书只是一本 MG 动画的软件操作指南，在展示具体制作步骤和方法的同时，本书还对 MG 动画中常用的图形设计法则和动画基本原理进行了归纳总结。例如，如何利用布尔运算用简单的基本图形组合产生新的形体；再如，如何巧妙地运用挤压和拉伸的原理，表现出图形的弹性，让它的运动看上去更加具有吸引力。作者希望读者在学习过程中，知其然还能知其所以然，并不是照猫画虎地学会书上的软件操作和参数设置，而是通过对设计法则和运动规律的学习，对 MG 动画有更深的理解，培养出创造性思维，做到举一反三。

本书的另一大特色是在最后一章中，为读者呈现了一批极具艺术水准和商业价值的优秀案例。这些案例来自鲸梦文化、LxU、蛮牛等国内优秀的 MG 动画公司，读者将有机会近距离了解这些公司优秀的动态图形设计师是如何形成创意、设计草图以及具体展开制作的。同时，书中还采访到以上三家公司的创始人，他们对行业现状、个人发展、制作技术等一些具体问题给出了针对性的解答。作者希望通过这样的方式，为想要踏入 MG 动画领域的初学者或者希望有更好发展的从业者提供更多的信息和帮助。

本书的写作融入了作者多年的教学及实践经验，也得到了许多朋友的帮助和鼓励。

感谢鲸梦文化刘建、LxU 魏婷婷、蛮牛工作室魏编为本书提供了三家公司的珍贵案例，并无私地分享了从业经验，给予了专业意见。

感谢本书的责任编辑王峰松老师，您的支持与鼓励使本书得以完成。

感谢倪晓萌、陆晓嘉为本书绘制了许多优秀的插图和作品，为本书增加了一大亮点；孟芯雅、刘相君、房载轩对本书亦有贡献，在此表示衷心感谢。

书中案例所涉及的素材及工程文件，读者朋友可以访问人民邮电出版社"数艺设"社区平台进行下载。

由于作者水平有限，书中难免存在不足之处，恳请广大读者指正。如果在阅读本书时有任何想法和意见，欢迎发送邮件至作者邮箱 rosemary0818@163.com 或者责任编辑邮箱 wangfengsong@ptpress.com.cn，以便我们及时得到您的反馈。

衷心希望本书能够为热爱 MG 动画的朋友提供一些帮助，最后还要感谢读者朋友选择这本书，让我们在 MG 动画领域中共同成长。

作者
2018 年 1 月

资源与支持

本书由"数艺设"出品，"数艺设"社区平台（www.shuyishe.com）为您提供后续服务。

配套资源

社区提供素材文件及工程文件。

资源获取请扫码

"数艺设"社区平台，为艺术设计从业者提供专业的教育产品。

与我们联系

我们的联系邮箱是 szys@ptpress.com.cn。如果您对本书有任何疑问或建议，请您发邮件给我们，并请在邮件标题中注明本书书名及 ISBN，以便我们更高效地做出反馈。

如果您有兴趣出版图书、录制教学课程，或者参与技术审校等工作，可以发邮件给我们；有意出版图书的作者也可以到"数艺设"社区平台在线投稿（直接访问 www.shuyishe.com 即可）。如果学校、培训机构或企业想批量购买本书或"数艺设"出版的其他图书，也可以发邮件联系我们。

如果您在网上发现对"数艺设"出品图书的各种形式的盗版行为，包括对图书全部或部分内容的非授权传播，请您将怀疑有侵权行为的链接通过邮件发给我们。您的这一举动是对作者权益的保护，也是我们持续为您提供有价值的内容的动力之源。

关于"数艺设"

人民邮电出版社有限公司旗下品牌"数艺设"，专注于专业艺术设计类图书出版，为艺术设计从业者提供专业的图书、U 书、课程等教育产品。出版领域涉及平面、三维、影视、摄影与后期等数字艺术门类，字体设计、品牌设计、色彩设计等设计理论与应用门类，UI 设计、电商设计、新媒体设计、游戏设计、交互设计、原型设计等互联网设计门类，环艺设计手绘、插画设计手绘、工业设计手绘等设计手绘门类。更多服务请访问"数艺设"社区平台 www.shuyishe.com。我们将提供及时、准确、专业的学习服务。

目录

第1章

什么是 MG 动画？

如果你经常用手机或者平板电脑刷朋友圈、读公众号文章、看新闻，你会发现一切都在改变！随着移动智能终端的普及和网络的提速，人们能够利用坐公交车、等飞机、排队的碎片时间吸取更多的知识和信息。短、平、快的视频内容能够满足信息高效传递的需求，也更加符合人类通过视觉获取信息的习惯，成为当前互联网上信息传递的主力军。而时下最流行的视觉表达形态，则非 Motion Graphic 莫属。它凭借着信息可视、内容密集、成本可控、传播性强、准入门槛低、制作流程标准化等一系列特点，在商业广告圈和独立动画圈都备受青睐。

1.1 什么是 Motion Graphic 动画？

Motion Graphic 简写为 MG 或者 Mograph，通常翻译为动态图形或者运动图形。自 20 世纪 70 年代起，它作为一种新兴的视觉设计形态，被广泛应用于电视频道包装、电影电视片头设计等领域。近年来，随着智能手机、平板电脑等移动设备的普及，动态图形的应用领域在不断扩大，并已经成为现代视觉艺术形式中非常具有广泛性和发展潜力的一个分支，如图 1-1、图 1-2、图 1-3 所示。

图 1-1 *ABOUT KOREAN*

图 1-2 *A Guide to American Football*

图 1-3　Room4 media 宣传片 *Our Special Formula*

Motion Graphic 动态图形动画(以下简称 MG 动画)是一种基于时间流动而改变形态的视觉表现形式。在视觉表现和设计理念上,它基于平面设计法则和原理。把 MG 动画的单帧画面提取出来,其实就是一幅极具形式美感的平面设计作品。画面中,图形、字体、色彩等视觉元素按照构成规律有机地编排,向受众传达更多的语义信息,如图 1-4 所示。而在技术实现上,MG 动画采用了动画制作手段,遵循动画运动规律和电影视听语言的语法。它利用二维、三维动画软件或剪辑后期软件,让静止的视觉元素运动起来。特别是在富有韵律感的音乐和旁白的配合下,先前静止的图形、字体等视觉元素在空间层次、运动方式、运动速度、图形形态等方面发生各种变化,整个画面充满节奏的律动,呈现出丰富多彩的视觉效果。某种程度上,MG 动画是平面设计的发展和延伸,简单点说就是会运动的平面图形设计,如图 1-5 所示。

图 1-4　MG 动画的视觉元素

图 1-5　MG 动画与平面设计、视频的关系

尽管 MG 动画以动画技术作为创作的基础,最终呈现的形态也是动态影像,但是它却与传统意义上的动画完全不同。传统的动画影片,我们也可以把它称为 CM 动画(角色动画,Character Movie)。CM 动画的目的是利用角色来讲述一个故事,需要采用传统的蒙太奇方式去构思创意,从这个意义上说,它与小说、电影、电视并无本质上的不同,只是承载的媒体不同。它更加注重叙事性的表达,有着严谨的叙事逻辑,通过故事情节的推进让观众产生情感上的共鸣。相比之下,MG 动画将故事情节和叙事结构淡化了,不用特别考虑蒙太奇组接手法,更多的是强调画面视觉元素之间的转换和变化,并试图通过这种动态的设计,将信息具象化、可视化,传达出更多的数据、信息和观点。总体来说,一个讲故事,一个传递信息。

1.2 MG 动画的历史

提到 MG 动画,我们都认为它是最近几年才开始流行的视觉表现形式,但实际上,早在电影诞生之初甚至之前,MG 动画便初现端倪。可以说,MG 动画的历史与电影有着密不可分的联系。

1. 视觉暂留现象

不管是电影、MG 动画还是其他的视觉媒体,形成和传播的依据都是视觉暂留现象(Persistence of Vision)。物体在快速运动时,当人眼所看到的画面消失后,人眼仍能继续保留其影像 0.1 ~ 0.4 秒,这种现象称为视觉暂留。因此,我们的大脑会把一组快速移动的、不同的静态画面误认为是连续的影像。人类发现了这一现象以后,就尝试着利用它来实现艺术中的动态感。1832 年,比利时物理学家约瑟夫·普拉托(Joseph Plateau)发明了费纳奇镜(Phenakistoscope),这个设备被广泛地认为是早期无声电影和动画的雏形。这个简单的小装置依靠视觉暂留原理制造出动态的画面效果,颠覆了人类以往的视觉体验,带来了巨大的视觉冲击,如图 1-6 所示。

图 1-6 费纳奇镜

创意动画短片《约瑟夫的幻觉》(*L'illusion de Joseph*)展示了费纳奇镜所呈现的画面奇观,如图 1-7 所示。该片由帕斯克·达米科(Pask D'Amico)导演,旨在向约瑟夫·普拉托致敬。

图 1-7 《约瑟夫的幻觉》

2．先锋派实验动画

如果说费纳奇镜等早期光学发明为电影和动画，包括MG动画提供了技术基础，那么20世纪初，欧洲一部分先锋艺术家进行的一系列动画实验和电影实验，则为MG动画的发展提供了理论和形式上的可能。

瑞典音乐家、画家维金·艾格林（Viking Eggeling）的《对角线交响乐》（*Symphonie Diagonale*，1921）被认为是现存最早的抽象动画电影，如图1-8所示。这部逐帧拍摄的动画全长7分钟，几乎花了4年时间才完成。白色的几何图形在黑色的背景上不断变化，而且总是以对角线对称的形式进行运动。短片的场面调度非常严谨，音乐与画面高度匹配，展示了音乐与绘画之间强烈的联系。

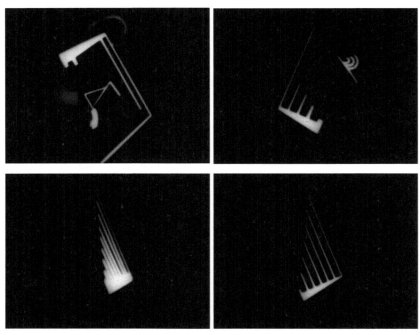

图1-8　《对角线交响乐》

德国实验电影和动画导演汉斯·里希特（Hans Richter）在1920—1925年制作了3部实验短片：《节奏21号》（*Rhythmus 21*）（如图1-9所示）、《节奏23号》（*Rhythmus 23*）、《节奏25号》（*Rhythmus 25*），成为运用音乐节奏诠释运动和图形节奏的先驱典范。在这些作品中，画面的主要元素是简单的黑白矩形和线条。在管弦乐曲曲调的变化中，矩形的大小、位置、角度、远近也在反复发生变化，不同的矩形在画面上相互叠加、交错、跳跃、变形。音乐与矩形的运动产生了深度的契合，矩形的运动被赋予了一种新奇的节奏感和韵律感。

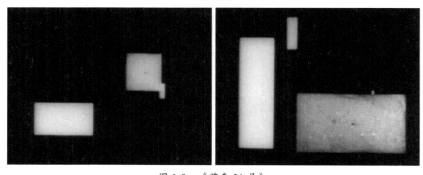

图1-9　《节奏21号》

我们可以发现，早期的先锋实验动画源于艺术家们对于运动中抽象图形的好奇，他们不再追求故事情节和传统叙事结构，而是强调视觉性，单纯地以运动，包括各种线条和形状的变化来触发观众的情绪。这一反传统的美学观念对其后的动画师和平面设计师产生了深远的影响。探索画面的纯形式美和运动的节奏感，是这些先锋实验动画所秉持的美学原则，和当下的 MG 动画不谋而合。从某种程度上来说，MG 动画在 20 世纪 20 年代就已略见雏形。

3. MG 动画的诞生

当代意义上的动态图形设计究竟是哪一年诞生还存有争议，但毫无疑问的是，从 20 世纪 50 年代开始，一批富有创新精神的平面设计师、动画师和电影人试图将传统的平面设计语言和电影的动态视觉语言结合起来，从此 MG 动画作为一个相对独立的艺术流派开始流行。

最早使用 "motion graphic" 一词的是美国著名的动画师约翰·惠特尼（John Whitney）。他在 1960 年创立了一家名为 motion graphics Inc. 的公司，他利用自己发明的模拟计算机制作了商业广告，并为一部分电影制作了片头。

而公认的当代动态图形设计的先驱则是索尔·巴斯（Saul Bass）。作为一名成功的平面设计师，他创造性地将平面设计元素融合到电影片头的设计中。索尔·巴斯通过字体、排版、色彩、图形等方面的变化，巧妙地暗示了影片的主题，让观众在开头短短的几分钟内就能感受到影片的情绪和基调，从而将原本单调乏味的演职人员表提升为电影不可或缺的一部分。其中最具代表性的是 1955 年他为奥托·普雷明格（Otto Preminger）导演的电影《金臂人》（*The Man with the Golden Arm*）制作的片头，如图 1-10 所示。影片讲述了一个瘾君子的故事，片头动态地展示了一条白色剪纸风格的手臂，和片名高度契合。这种全新的尝试获得了空前的成功。其后他还为希区柯克（Hitchcock）等著名导演的多部电影制作了片头，都引起了不小的轰动，例如《迷魂记》（*Vertigo*）（如图 1-11 所示）等。

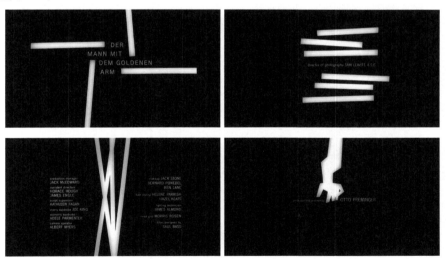

图 1-10　《金臂人》片头

索尔·巴斯的片头设计在现在看来非常简单，但是在没有计算机辅助、创作观念还墨守成规的 20 世纪，无疑是一项开创性的变革。在他的影响下，一批极富开创精神的艺术家积极地投入电影片头的设计中，例如莫里斯·宾德（Maurice Binder）为 007 系列的《诺博士》（如图 1-12 所示）制作的片头就成为影史上的经典之一。

图 1-11　《迷魂记》片头

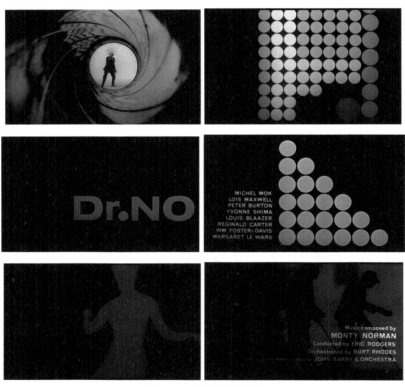

图 1-12　《诺博士》片头

　　到 20 世纪 90 年代，凯尔·库珀（Kyle Cooper）将新的数字技术和传统的设计手法结合起来，在尚且保守的动态图形领域中开辟了新的天地。他为《真实的谎言》《谍中谍》等好莱坞电影制作了炫目的片头，其中 1995 年他为大卫·芬奇（David Fincher）导演的电影《七宗罪》设计的片头最为出色，被人们视为动态图形设计产业的里程碑。凯尔·库珀一直活跃在一线，2017 年他最新的作品是为美剧《宿敌：贝蒂和琼》（Feud:Bette and Joan）设计的片头，利用精彩的极简风格图形暗示了两位女主角的关系和剧情的走向，成功地引起观众的观影兴趣，如图 1-13 所示。这种表达形式和设计风格的片头在好莱坞是很常见的。2002 年史蒂文·斯皮尔伯格（Steven Spielberg）执导的电影《逍遥法外》（*Catch Me If You Can*）也采用了动态图形的片头，利用黑色的剪影快速而简洁地勾勒出了故事的梗概和缘由，如图 1-14 所示。

图 1-13　《宿敌：贝蒂和琼》片头

图 1-14　《逍遥法外》片头

近年来，中国电影市场迅速发展，大批优秀的国产影片取得了口碑和票房的双丰收，也随之涌现了不少高质量的电影片头、片尾。例如 2015 年上映的《寻龙诀》，片尾利用点、线、面勾勒出太极、八卦等中国传统符号，展露出浓厚的东方韵味，如图 1-15 所示。还有《北京遇上西雅图》《黄金大劫案》等电影也贡献了非常精彩的片头，如图 1-16、图 1-17 所示。

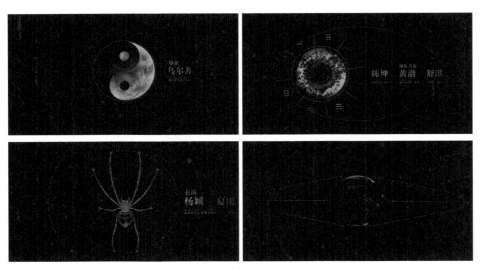

图 1-15 《寻龙诀》片尾

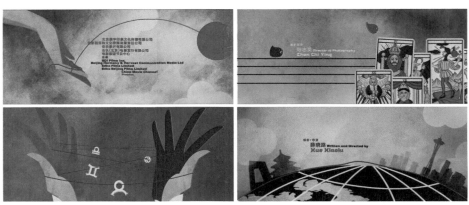

图 1-16 《北京遇上西雅图》片头

图 1-17 《黄金大劫案》片头

呈现出浓厚特色的动态图形的片头、片尾，不仅仅用来展示主创的名单，还成了电影、电视的门面，成为一门相对独立的艺术，帮助导演表情达意。目前，动态图形越来越受到业界的认可和观众的欢迎，逐渐走出了片头、片尾的范畴，在各个领域都有了更加广泛的应用。

1.3　MG 动画的功能

在很长的一段时间里，兴起于电影片头的 MG 动画，一直没能摆脱"片头"这个属性。它最常见的应用就是电影电视等传统媒体当中的片头片尾、栏目包装、影视广告等。伴随着互联网，尤其是移动互联网的崛起，新媒体的更新迭代及观众对于视觉影像的新需求，MG 动画越来越多地应用到一些崭新的领域，例如商业推广、交互设计、空间展示、手机动画等。在这些新的领域中，MG 动画体现出不同的功能。

1. 信息传达

MG 动画核心的功能就是信息传达。我们常见的 MG 动画是一些信息说明类动画。它们往往有一个抓人眼球的标题，整个短片都围绕一个主要话题展开。这个话题可以是社会热点、科普知识、公益宣传、生活常识等。整个动画通常 3 ～ 5 分钟，一般会配上轻松幽默的旁白，将不那么有趣的内容，有趣地展现在观众面前。特别是当话题中经常涉及大量的数据和晦涩难懂的知识点时，MG 动画通过它特有的图形动态演绎，将这些抽象的信息直观而具象地表达出来。这样的 MG 动画，不仅给我们提供了极佳的视觉体验，更重要的是让我们能在有限的时间内获取大量的信息和知识，而且这些信息很容易理解。简单来说就是一个热门的话题，一段通俗易懂的文案，再加上具象的数据演绎，构成了当前主流的 MG 动画，如图 1-18 所示。

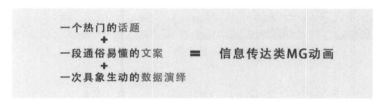

图 1-18　信息传达类 MG 动画

2014 年巴西世界杯期间，壹读视频推出了短片《跟着壹读君三分钟了解没有足球的巴西》，用轻松幽默的方式向观众介绍了巴西这个我们平时不太了解的南美国家，如图 1-19 所示。

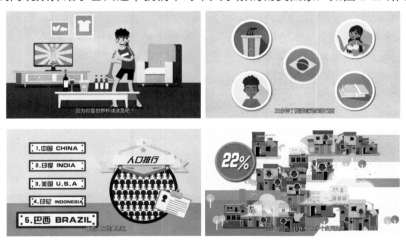

图 1-19　《跟着壹读君三分钟了解没有足球的巴西》

鲸梦文化制作的一个公益短片，目的是科普穿山甲的相关知识，号召人们保护野生动物，如图 1-20 所示。尽管这并不是一个轻松的主题，但是短片非常温馨，文案口语化，将观众带入情景，温和地劝导，而不是进行说教式的宣传。

图 1-20　《穿山甲公益科教片——TNC 大自然保护协会》

2．品牌演绎

近年来，随着国内外社交媒体的不断壮大，MG 动画成为互联网营销的一把利器。越来越多的公司，特别是互联网公司和科技公司纷纷选择 MG 动画的形式进行品牌和产品宣传，如图 1-21、图 1-22 所示。以前大家看电视碰到广告都会纷纷换台，如果继续把传统的电视广告投放到互联网上，那么基本没有人会去主动观看。然而 MG 动画恰恰相反，它短小精悍、极富创意、传播成本低，特别容易在微博、微信这些社会化媒体上进行传播，通过用户间口碑传播的力量帮助企业提高曝光率，塑造品牌和产品形象。

2013 年苹果全球开发者大会的 MG 动画开场视频在当年一经推出就惊艳众人，整个短片利用点、线、面等抽象的元素完美地展示了苹果的极简主义和设计理念，如图 1-21 所示。

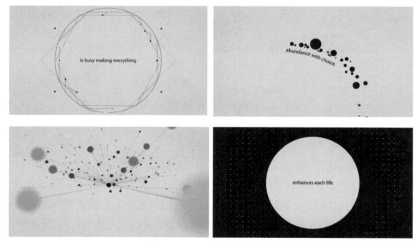

图 1-21　2013 苹果全球开发者大会（WWDC）开场视频

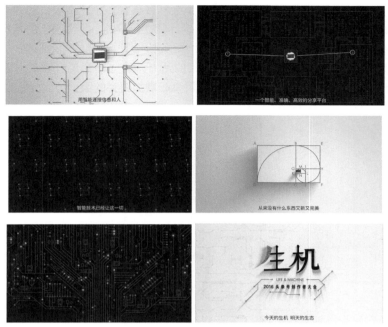

图 1-22 《今日头条创作者大会宣传片》，鲸梦文化制作

MG 动画对于品牌的演绎不仅仅体现在广告和宣传片上，还体现在 Logo 的展示方面。Logo 是一家企业或者一个组织的抽象视觉形象，也是其品牌识别与推广的核心。传统的 Logo 是静态的。随着设计工具的升级和创意的拓展，越来越多的设计师将注意力转移到 Logo 的动态化设计中，通过动画的形式演绎静态 Logo，让受众从视觉、听觉多方面感知 Logo，吸引他们的注意，促进产品与品牌的传播，如图 1-23 所示。这成为当前设计行业的一个新趋势。

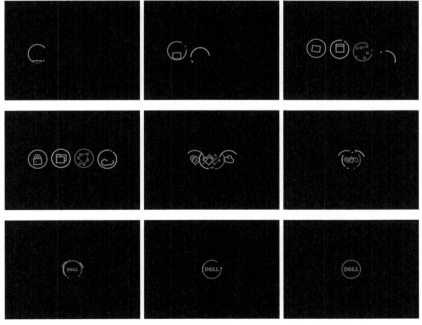

图 1-23 动态 Logo 演绎

第1章　什么是MG动画？

　　2020 年 2 月 26 日，东京奥组委公布了东京奥运会和残奥会多个比赛项目的动态图标，这也是奥运会历史上首次以动态的形式制作运动项目图标，设计师在传统的、平面静止的图标基础上进行了改进。他们提炼了各项比赛的运动特性和运动员的动作形态，通过流畅的图形形变，"巧妙地传达每项运动的特点和运动精神，同时艺术性地突出运动员的活力。这些图标还打破了平面的桎梏，极大地增加了空间透视感，能够有效地提升视觉空间的利用率和增加内容的吸引力，如图 1-24、图 1-25 所示。

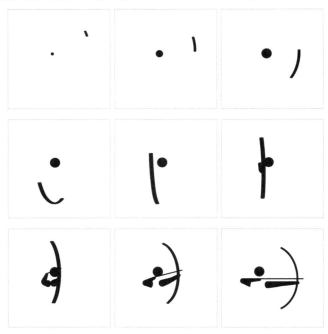

图 1-24　2020 东京奥运会射箭项目动态 Logo 演绎

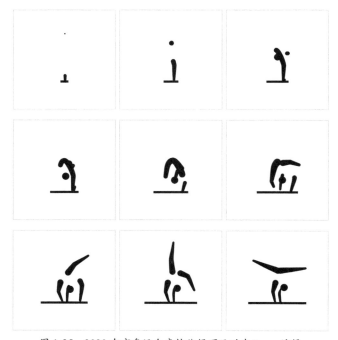

图 1-25　2020 东京奥运会竞技体操项目动态 Logo 演绎

3. 动效原型设计

　　手机等移动智能终端逐渐成为我们生活中不可或缺的一部分，人机之间的交互体验也因此成为开发者们越来越重视的一个内容。最常见的就是在 App 的加载、刷新、发送等界面中，加入一些有趣的动态效果，增加界面的活力，减少用户等待过程中的焦虑感，让用户感到愉悦，如图 1-26所示。另外，App 里一般包含多个界面，动态的转场能够更直观地诠释界面之间的逻辑和层级关系，让用户更加清晰地了解当前所处界面的位置，给予用户明确的指引和提示，如图 1-27 所示。空白页面处的动态效果如图 1-28 所示。这些动态效果是设计师们在前期设计完成、交付开发人员最终实现的。UI 动效设计师制作出动效原型，通过 MG 动画的形式更好地展示既有的交互视觉设计、概念设计、服务流程等，使开发人员能够更好地理解设计效果，完美地还原到产品中去。

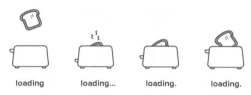

图 1-26　Food rush App 加载动画

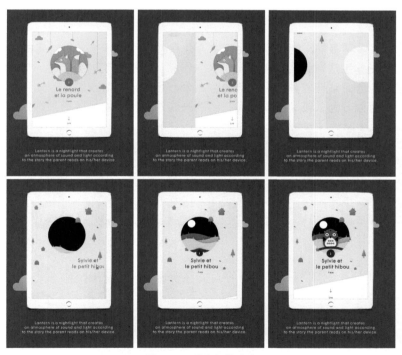

图 1-27　页面翻转动画

图 1-28　404 空白页面动画

第2章

MG 动画制作软件与流程

俗话说，工欲善其事，必先利其器。虽然想要创作出精彩的 MG 动画，一个好的创意必不可少，但我们头脑中那些奇思妙想，最终想要变成直观的视觉影像，还需要借助相应的软件来制作完成。只有利用适合的软件，按照规范的制作流程操作，才有可能创作出高质量的作品。因此，在本章中，我们将介绍制作 MG 动画的常用软件和操作流程。

2.1 MG 动画制作软件

2.1.1 常用软件

MG 动画的形式多种多样，制作手段也千变万化，并不拘泥于某一种特定的软件。只要我们有好的想法和娴熟的创作手法，就能够创作出优秀的作品。当然，动态图形设计师一般会采用几款业内常用的软件进行制作。这些软件根据制作流程划分，可以分为前期制作软件和后期制作软件；根据动画类型划分，可以分为二维动画软件和三维动画软件，常用软件如图 2-1 所示。

Photoshop	Illustrator	After Effects	Animate
Cinema 4D	3ds Max	Premiere	Final Cut Pro

图 2-1　常用软件

前面提到，MG 动画是平面设计的发展和延伸，简单点说就是会运动的平面图形设计。因此，Photoshop 是所有动态图形设计师，以及其他视觉工作者都需要掌握的图像处理软件。而 Illustrator 作为一款基于矢量的图形制作软件,也被越来越多的动态图形设计师用来制作MG动画的基本图形元素。

要想让前期绘制的图形元素动起来，需要借助影视后期制作软件为其添加动画。After Effects 拥有强大的关键帧编辑技术和震撼的视觉特效插件，而且能和多种软件协同工作，这些使它成为后期制作软件的不二选择。

在三维软件方面，除了传统的 Maya 和 3ds Max，Cinema 4D 因为操作简单、稳定高效，配合 After Effects 可以做出一些非常酷的动画效果，近年来逐渐成为越来越多动态图形设计师的选择。

Premiere 和 Final Cut Pro 等后期剪辑软件可以用来组合和拼接已经完成的动画段落，还可以调整影片的节奏、颜色，添加音效、音乐、字幕，最终渲染输出成片。

每一款软件都有优缺点和各自擅长的领域，动态图形设计师可以从中选择几款适合自己的软件，熟练掌握。在本书中，我们将以 Photoshop 和 After Effects 这两款软件为主，进行 MG 动画实例的讲解。

2.1.2 Photoshop 界面介绍

Photoshop 软件的工作界面如图 2-2 所示。

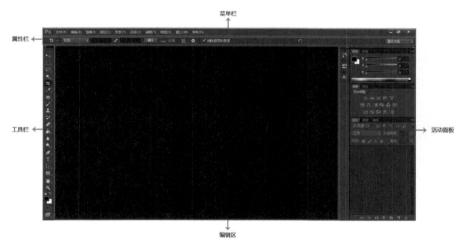

图 2-2　Photoshop 软件的工作界面

1. 菜单栏

菜单栏位于窗口最上方，包含了文件、编辑、图像、图层、类型、选择、滤镜、视图、窗口、帮助等 10 个最基本的主菜单，这些不同的主菜单包含了不同性质的命令，每一个主菜单都有一组下拉菜单命令。

2. 属性栏

属性栏用来设置工具的各项属性，当选择了工具栏中某个工具以后，属性栏中会自动显示其相关属性。

3. 工具栏

工具栏中列出了修图与绘图的基本工具，几乎每种工具都有相应的键盘快捷键。将鼠标指针放在某个工具上，可以显示这个工具的名称，如图 2-3 所示。用鼠标左键长按某个工具右下方的三角形，就会把折叠隐藏的工具都显示出来，如图 2-4 所示。

4. 编辑区

中间的灰色区域是文件编辑区，用来显示制作的图像，Photoshop 可以同时打开多幅图像进行制作。

5. 活动面板

Photoshop 为用户提供了很多活动面板，我们可以用来观察信息，选择颜色，管理图层、通道、路径等。这些面板都可以最小化或者关闭，通过菜单栏中的窗口菜单就可以选择关闭或启用活动面板，如图 2-5 所示。

图 2-3　工具名称

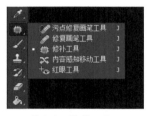

图 2-4　隐藏工具

图 2-5　窗口菜单

TIPS

按键盘中的 <Tab> 键，可隐藏所有的工具栏和活动面板。同时按键盘中的 <Shift+Tab> 键，可隐藏活动面板。绘图时，因为面板的遮挡可能无法看清图片的全貌，这些操作就非常有用。

2.1.3　After Effects 界面介绍

After Effects 软件的工作界面如图 2-6 所示。

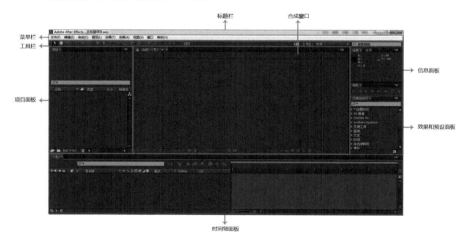

图 2-6　After Effects 软件的工作界面

1. 标题栏

显示当前的项目名称，右上角有 3 个按钮，从左到右依次是最小化、最大化和关闭按钮。

2. 菜单栏

菜单栏包含了文件、编辑、合成、图层、效果、动画、视图、窗口、帮助这 9 个最基本的主菜单，这些菜单集合了 After Effects 所有功能和操作命令，每一个主菜单都有一组下拉菜单命令。

3. 工具栏

工具栏中包括了 After Effects 进行合成和编辑时经常使用的工具，单击工具栏中的工具按钮，即可选择相应的编辑操作，工具栏后方还会出现该工具的属性选项。

4. 项目面板

项目面板用来管理所有素材源文件和合成，它能显示素材文件的名称、格式、时间、长度及路径。

5. 时间轴面板

时间轴面板是 After Effects 重要的构成部分，它是进行素材编辑的主要操作区域，主要用于管理图层的顺序、设置动画关键帧等。

6. 合成窗口

合成窗口是视频的预览区域，不仅能预览素材的原始效果，还能在编辑素材的过程中实时观察调整的效果。

7. 信息面板

信息面板并不直接参与图像的处理，主要是用来查看视频中的信息，其中 R/G/B 代表鼠标指针所在位置的颜色，A 代表通道值，X/Y 代表鼠标指针在屏幕上的位置。

8. 效果和预设面板

效果和预设面板集合了 After Effects 中的所有效果和预设，可以用它快速查找需要的滤镜或预设特效。

TIPS

After Effects 中的这些面板都是活动的，可以通过菜单栏中的窗口菜单选择关闭或者启动这些面板。打开【窗口→工作区】子菜单，通过执行其中的菜单命令，可以快速切换不同的工作模式，如图 2-7 所示。After Effects 预设的工作区可针对不同的项目快速布置合适的工作面板，提高了工作效率。

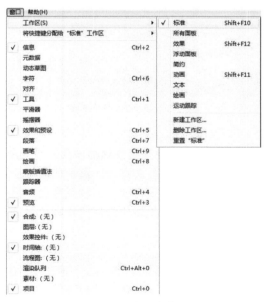

图 2-7 窗口菜单

2.2 MG 动画制作流程

挑选到合适的工具，仅仅是个开始，那么究竟如何制作出妙趣横生的 MG 动画呢？一个完整的 MG 动画短片大致可以归纳为 5 个步骤：文案策划、脚本设计、图形创意、动画制作和后期剪辑，如图 2-8 所示。

图 2-8　MG 动画制作流程

1. 文案策划

MG 动画制作的第一步是文案策划，无论是独立动画作品还是客户委托的商业作品，动态图形设计师都需要根据选定的或者指定的选题撰写文案。一篇承载信息且语言精准的文案是 MG 动画的基石。在 MG 动画中，文案主要以两种形式存在，一种是旁白，另一种是字幕。这两种文案都需要设计师挖掘、整理相关的资料信息，将其转化为言简意赅、诙谐有趣的文字，用来传达作者的意图和诉求。

2. 脚本设计

分镜头脚本设计是 MG 动画前期工作的重要环节，这个环节需要在文案的基础上设计每一个画布的镜头，包括但不限于画面的构图和风格、画面中视觉元素的变形和运动、镜头的运动、场面的调度、镜头间转场等。分镜能将文案用直观的画面表现出来，能够帮助动态图形设计师厘清思路，迅速地发现问题，及时做出修改和调整。

3．图形创意

MG 动画被称为会运动的平面图形设计，因此，平面图形是 MG 动画非常重要的组成部分。动态图形设计师要根据文案的需求和脚本的设定，来设计每个镜头的平面图形元素。这个环节需要绘制的图形元素大概分为 3 种。①角色绘制：此处所设计的人物将会导入 After Effects 进行动作调整，所以要注意根据关节和肢体的活动进行绘制。②场景绘制：将分镜头脚本中设计的场景进行细化，注意将需要添加动画的各种元素单独分离出来。③图形绘制：此处的图形是指不参与叙事和信息传达，仅仅对画面起装饰效果的视觉元素，包括点、线、面等。这些图形可以在 Photoshop 或者 Illustrator 中绘制，再导入 After Effects，也可以直接在 After Effects 中绘制并添加动画。

图形的创意与绘制遵守的是平面设计法则，好的动态图形设计师会在构图、配色等方面进行有机编排，提升整体的视觉体验。这个环节可以根据短片的整体风格和后续动画制作的需要，选择 Photoshop 或者 Illustrator 进行绘制。

4．动画制作

平面图形素材绘制完成以后，就需要让这些画面动起来。通常设计师会将平面素材导入 After Effects，根据分镜头脚本，制作出单个的动画镜头。MG 动画引人入胜的地方，就是画面运动的流畅度和节奏感，所以在制作过程中，设计师需要特别注意把握好动画运动规律，调整好动作关键帧。很多时候，为了提高工作效率，设计师也会借助很多的插件、脚本和表达式来实现一些特殊的效果，常用的插件和脚本有 Duik、Motion、Newton 等。

5．后期剪辑

这个环节是将制作完成的动画镜头放到编辑软件中，例如 Premiere 和 Final Cut Pro，根据配音，将其合成为一个完整的动画。同时为成片添加上背景音乐、音效、字幕等，还可以为画面进行调色，加入光效、镜头光晕等特效渲染气氛，或者在两个镜头间添加特技转场。总之，这个环节是对短片进行的最后一步整理修改，最终渲染输出成片。

第3章

文案策划

前面提到,当前最常见的 MG 动画是一些信息说明类动画,我们通常在各大网站上见到的 MG 动画作品大多都可以归为这类动画短片。这类短片的文案就是旁白(配音),所有的内容都是围绕着旁白(配音)进行的,如图 3-1、图 3-2 所示。

图 3-1　信息说明类动画之一

图 3-2　信息说明类动画之二

文案是 MG 动画的重要组成部分,它需要传达出片中各种信息及主要观点。文案的质量也直接决定了 MG 动画的最终质量,所以有时在文案创作上花费的时间甚至要多于后期动画制作的时间。只有在文案最终确定的情况下,动画的后期制作才能展开,正所谓牵一发而动全身,如果制作过程中才发现文案需要修改,将直接影响动画制作的进度,这是我们制作 MG 动画时必须要注意的问题。

3.1　选题

首先我们需要选择一个主题,选题是所有动画制作的第一步。MG 动画的风格、画面、旁白等全都围绕选题来设定,所以选题必须非常明确。商业性 MG 动画的选题都是由甲方提供,不需要我们进行过多考虑。但如果你不准备做一部商业动画,而是打算自主选题的话,那可以从以下几个方面去寻找灵感。

1. 日常生活

艺术来源于生活,如果你有丰富的生活经验、不错的生活积累,从日常生活中挖掘选题是个不错的主意。只要细心观察生活,其中的人和事都会给我们带来大量的创作灵感。在这一类选题中,我们应该注意生活的艺术化处理,以点带面,不要拘泥于现实情节,多一些艺术加工,这样才能让整部动画"有滋有味"。例如短片《过目不忘真的存在?》从学习和生活中挖掘选题,讨论了如何满足人们对记忆力提升的需求,提出了提高记忆力的有效方法,如图 3-3 所示。在近视率节节攀升的今天,如何改善自己的视力成了大部分人都关注的问题。短片《几分钟就能矫正你的近视》就通过诙谐幽默的讲述来消除人们对近视手术的错误看法,如图 3-4 所示。

图 3-3 《过目不忘真的存在？》

图 3-4 《几分钟就能矫正你的近视》

2. 社会热点

在这个信息大爆炸的时代中，各类社交软件、新闻客户端每时每刻都在推送着社会热点话题。与传统动画相比，MG 动画比较适合以社会热点为主题进行创作。我们可以将最近发生的、公众广泛议论的事件作为创作背景。因为社会热点话题有着极高的关注度，这一类选题容易吸引大众眼球，传递出作者的核心观点，产生社会影响力。当然我们选择社会热点时，也要弘扬社会正能量。例如影片《垃圾回收与可持续发展》《塑料回收》，这两部 MG 动画巧妙地选择了垃圾回收和可持续发展这两个大众广泛关注的话题进行创作。通过对一些数据的罗列、分析，向观众传达"减少污染""美化环境""变废为宝提高垃圾的价值"等观点，普及可持续发展理念，如图 3-5、图 3-6 所示。

图 3-5 《垃圾回收与可持续发展》

图 3-6 《塑料回收》

3. 新兴事物

知识的更新瞬息万变，而新兴事物也层出不穷，这无疑为动画创作提供了丰富的素材。对于这类题材，观众有着强烈的猎奇心理，总想对新事物一探究竟，所以文案内容必须饱满，不仅要有广度还要有深度，这样才能满足观众的好奇心。新兴事物的产生总是离不开社会的变化，所以我们可以采用以小见大的手法，通过新兴事物来反映出当今的社会面貌。例如短片《电竞行业真相大揭秘》介绍的是近年来出现的一个新兴行业——电竞行业。短片通过对该行业的深入分析，试图打破人们对电竞行业的固有印象，如图 3-7 所示。而《人工智能会取代人类吗》则关注了当下迅速崛起的人工智能领域，探讨科技进步伴随而来的技术恐惧的问题，如图 3-8 所示。

图 3-7 《电竞行业真相大揭秘》

图 3-8 《人工智能会取代人类吗》

4. 简史概况

我们还可以挑选出一样自己感兴趣的事物，对其历史起源和发展历程进行梳理。这一类选题要注意对信息进行归纳整理，运用大量的数据、事件来进行分析、佐证，并且立意要新。因为简史类动画的内容大多是人们耳熟能详的，这就要求我们必须从新的角度去分析讲解，避免观众产生审美疲劳。例如短片《中国流行音乐进化史》通过细数经典流行歌曲，唤醒人们的时代记忆，并倡导人们拒绝盗版，尊重音乐版权，如图3-9所示。而《手机进化史》则详细讲述了手机更新迭代的过程，如图3-10所示。

 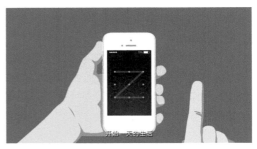

图 3-9　《中国流行音乐进化史》　　　　　　　图 3-10　《手机进化史》

3.2　文案

3.2.1　MG 动画文案的特点

（1）承载大量信息，内容严谨。信息说明类动画需要提供大量的信息，从多个角度对主题进行介绍。由于观众是通过动画内容来获得确切的知识和信息，因此所有的数据、概念等都必须严谨，引用权威观点，阐述要清晰明确，保证内容经得起推敲，如图3-11所示。对于复杂重要的观点，我们也可以进行细致的解释，目标只有一个——让文案含金量更高。

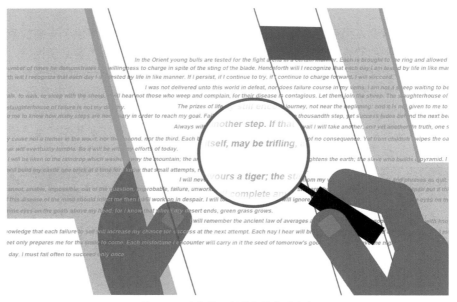

图 3-11　示意图：经得起推敲的内容

（2）整合碎片化信息，厘清思路，如图 3-12 所示。当大量的信息摆在我们面前时，哪些能用、该怎么用是我们要考虑清楚的。所以要对搜集到的各类资料、素材进行归类整理，厘清逻辑脉络，将它们条理化、系统化地穿插在一起，构成一个完整的文案。这些内容可以按照时间、流程、演变等顺序进行排列。分清主次也很有必要，重点内容重点说明，而次要内容一笔带过，能让动画更加流畅和简洁。

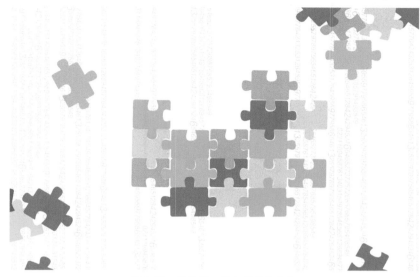

图 3-12　示意图：整合碎片化信息

（3）数据信息可视化，关联画面，如图 3-13 所示。与传统的二维动画不同，MG 动画文案的撰写直接关系到动画创作中的分镜设计、角色场景设计，以及后期合成。也就是说我们所写的东西与所做的动画是一致的，所以在写文案时必须联系画面内容。因此文案段落的构思，其实就是对画面内容的构思，需要考虑如何用最理想的画面来展示数据信息和图形信息。

图 3-13　示意图：数据信息可视化

（4）专业知识趣味化，奇思妙想，如图 3-14 所示。教科书式的讲解是枯燥乏味的，所以我们要摒弃太过一本正经的文案风格。动画的精神其实就是用超现实主义去表现客观事物，我们赋予图画生命力的同时也需要赋予文字趣味性。文案设计时，要大开脑洞，通过轻松、好玩、接地气的语言去拉近大众与信息之间的距离。网络流行用语、口头禅、各种梗都可以运用到文案中，但最重要的还是从生活的积累和细节中发现好玩的东西，运用到我们的文案和动画中。

图 3-14 示意图：专业知识趣味化

（5）篇幅短小精悍，文字简练，如图 3-15 所示。动画文案长度将直接决定短片时长，因此也影响到短片的制作成本。我们需要用有限的字数去表达更多的内容，这就要求我们在文案编写过程中仔细推敲，尽量让每一个字、每一个词、每一句话都是无可挑剔的。进行适当的取舍，既能保证动画的内容翔实，又能发挥每一个字词的关键作用。我们将在后面的案例中向大家讲解在文案修改中如何适当地删减内容。

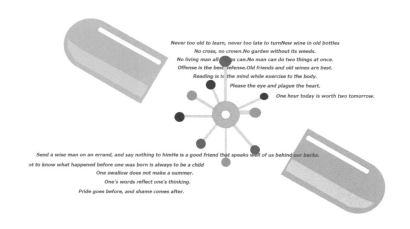

图 3-15 示意图：篇幅短小精悍

TIPS

在我们的生活中，一个人的正常语速通常是每分钟 80 ~ 160 字，我国播音员每分钟正常语速为 240 字左右。而在 MG 动画中一般语速偏快而且停顿很少，每分钟播 250 ~ 300 字，所以我们可以根据时长计算出一部片子大致需要写多少字的文案。

3.2.2　MG 动画文案的撰写

下面我们以一篇简史概况类的动画文案为例，向大家介绍如何创作 MG 动画的文案。

选题：京剧

时长：4 分钟

字数限制：1 000 字左右（250 字 / 分钟）

京剧博大精深，有着悠久的历史、独特的表演方式，涵盖的内容也浩如烟海。在确定京剧这个选题后，我们该如何下手呢？

首先我们要列一个提纲，分析一下究竟要从哪些方面去讲述这个主题。将"京剧的起源与发展""京剧的舞台知识""京剧的表演风格""京剧的代表人物""京剧的行当区分"等内容一一列举出来后，优中选优，仔细推敲，最终确定下来几个方面，再开始创作。

就像小学老师教我们小作文一样，在结构上，我们首先要确定"总""分"的概念，不能一下子把所有要表达的内容流水账式地排列。我们需要按照自己的想法将确定的内容进行逻辑排序，并加上开头、结尾和中间承上启下的过渡段落，这样一篇文案才基本成型。

《京剧那点事儿》一片中，我们大致需要介绍两部分内容，一部分是京剧的历史，另一部分是京剧的一些小知识。按照这两个内容和前面讲到的创作思路，我们可以把搜集到的信息简单地归纳，写出第一版文案。

TIPS

第一版文案不用太在乎字数限制，内容可以在之后进行增减。修改文案一定要有耐心，从 1.0 版本修改到 1.n 版本都是很平常的事情。如果把创作 MG 动画比作盖房子的话，那么写文案就相当于设计图纸，可能需要多次修改才能最终定稿。

我们先来看一下 1.0 的版本，如图 3-16 所示。

图 3-16　《京剧那点事儿》文案 1.0 版本

首先，我们看文案 1.0 版本，全篇共计 1 881 个字，我们的要求是 1 000 字左右，所以要大刀阔斧地删掉将近一半的内容，文案的修改有 3 个步骤，一起来看看吧！

第一步，划分段落。

在撰写文案时，我们已经确定了总分结构和文案的两部分内容，但在文案实际写作的过程中可能又会出现新的思路、新的观点。没关系，这些都可以写在文案 1.0 版本中，其中的一些观点可能会在后期起到关键的作用。

我们要先从整体出发，大致区分出段落，一方面可以确定各段落篇幅比例，方便从段落中按比例删减，另一方面也可以调整段落顺序，让整个文案更加流畅。好了，让我们复习一下小学的知识，大致把文案 1.0 分为"开头—京剧的起源与发展—京剧知识介绍—京剧在当下—结尾点题"5 个段落，如图 3-17 所示。

然后我们就可以开始在这个基础上进行"一加一减"的工作了，如图 3-18 所示。

图 3-17　文案 1.0 版本的段落划分

图 3-18　示意图：一加一减

第二步，做减法。

"减法"，顾名思义就是减掉文案中赘余复杂的内容，但是如何减、减多少、减哪里都是我们需要认真思考的内容。删减时要注意各段落的内容，做到面面俱到，尽量多地体现主体内容，不能为了字数而盲目地删，那样会造成整篇文案内容空洞，前后不连贯。如果把文案比作一棵大树，那我们需要在修枝剪叶的同时，保持躯干的完整性。通常有以下几点是可以删减的。

● 喧宾夺主的内容

在某一个主体段落中，也许会出现与主题相关联的次要内容，如果描写过多，可能会干扰视线，影响主体地位，另外也要考虑这部分内容在段落中是否起到了作用。由于动画主题是京剧，所以对于地方剧种的介绍会有些喧宾夺主，而且这部分内容在"京剧的起源与发展"这一段落中并无太大作用，可进行删减，如图 3-19 所示。

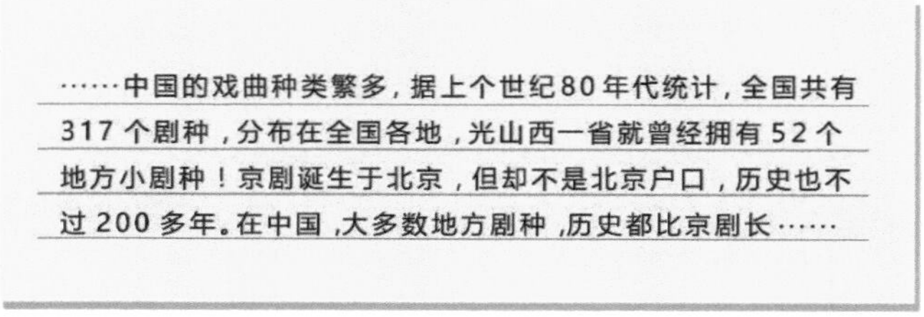

……中国的戏曲种类繁多，据上个世纪 80 年代统计，全国共有 317 个剧种，分布在全国各地，光山西一省就曾经拥有 52 个地方小剧种！京剧诞生于北京，但却不是北京户口，历史也不过 200 多年。在中国，大多数地方剧种，历史都比京剧长……

图 3-19　喧宾夺主的内容

- 以图代文的内容

文案内容如果可以在画面中用图形或文字体现，那么就可以在旁白里省略这部分内容，这也是文案修改常用的手法。例如图 3-20 所示的"昆曲、秦腔、弋阳腔、柳子腔等"戏曲种类就可以用画面表现，旁白词中只需用"其他"一词代替就可以了。

……对昆曲、秦腔、弋阳腔、柳子腔等剧种不断的交流、融合，收视率不断攀升，渐渐地形成一种独特的剧种，当时被称为"皮黄戏"……

图 3-20　以图代文的内容

- 烦琐冗长的内容

图 3-21 所示的这段话几十个字，其实全都是围绕着"梨园"这两个字展开的，这一段落主要的目的就是介绍"梨园"这个名字的来历，所以我们只需保留前面对"梨园"由来的介绍。展开的内容显得烦琐，可以直接省略。

……因此戏曲界被称为梨园行，戏曲演员被称为梨园弟子，几代人都从事戏曲的家庭，便称为梨园世家。拍摄了中国第一部电影《定军山》的谭鑫培，后人一直从事着京剧事业，传承到今天已经是七代了！……

图 3-21　烦琐冗长的内容

- 同类阐述的内容

当我们不得不做大篇幅删减时，就要根据段落划分来分析。在"京剧知识介绍"这一段落中，有 800 多个字，占到了将近整体文案的一半，所以需要做大量删减，如图 3-22 所示。我们选择了"行当""服装""舞台"3 个方面对京剧进行介绍，这 3 个方面其实都是同一个层级的内容，所以我们需要在这之间做一个选择。文案最后保留了"行当"这一方面的内容，因为与其他两项相比，观众对于"行当"的认知度更高，并且京剧四大行当内容比较系统。

　　一个戏曲角色从头到脚下有着严格的规范。不同的场合穿不同的衣服，穿错了就会闹笑话！正式场合的时候穿正装，在家里就穿家居服，外出闲游休闲服，战场打仗就得穿铠甲！京剧《龙凤呈祥》中的刘备一出戏中需要换三套衣服，改五次打扮……这些就是京剧的魅力所在！

图 3-22　同类阐述的内容

第三步，做加法。

"加法"分为两种，一种是在原文中加上一些调侃、幽默、生活化的用语，让旁白感情更丰富；另一种则是将一些乏味平淡的语言改得有趣，都是为了让整部动画的基调显得更加轻松。在做加法时，我们可以考虑以下几点。

● 感情色彩

"看戏是人们难得的娱乐机会"这是一句很普通的陈述句,没有语气也没有任何感情,显得很生硬,如图 3-23 所示。而做"加法"之后,就截然不同了。人物由"人们"变成了"无聊的古代小伙伴",用很生活化的语言,轻松地拉近了现代人与古人之间的距离。

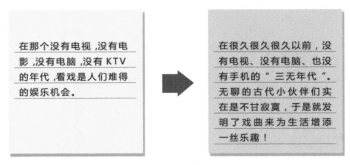

图 3-23　感情色彩

● 流行用语

在这一段主要想表达的就是乾隆皇帝过生日,各地方剧团进京演出,如图 3-24 所示。那怎样才能描写得生动有趣呢?加入的"生日派对""艺术团体""粉丝"等,都是现代社会比较流行的语言,更贴近当下的环境。

图 3-24　流行用语

● 调侃语气

像"小牛牛表示很无辜啊"这样的调侃型语言虽然与文章内容无半点关系,但在文案中这类用语却有着独到之处,它使旁白解说变得更有感情,让文案不那么沉闷,如图 3-25 所示。

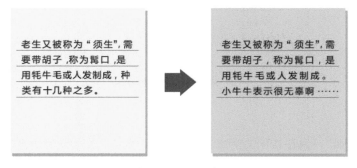

图 3-25　调侃语气

● 融合内容

这一大段用到的也是"加法"的手法，是将两部分内容融合到了一起，如图 3-26 所示。在介绍京剧行当的同时，将"谭鑫培""四大名旦"的介绍直接加到了"生行"和"旦行"的介绍当中。在融合时，要注意这两方面的共同点，从他们的共性出发，无论是从内容上或是结构上都要通顺。这样便一举两得，既缩减了文案字数，又丰富了主题内容。

生、旦、净、丑是京剧的四大行当，生就是男人，根据年龄身份又分为老生、小生、武生等。老生又被称为"须生"，需要带胡子，称为髯口，是用牦牛毛或人发制成。小牛牛表示很无辜啊……
1905 年，著名的老生演员谭鑫培拍摄了电影《定军山》，这可是中国的第一部电影啊！
旦就是女人，又分为青衣、花旦等。1927 年北京评选出了京剧"四大名旦"，不要流口水啊，这"四大名旦"可全是大老爷们！相信我，这不是开玩笑！那个年代是不允许女人登台的！

图 3-26　融合内容

通过以上几个步骤的修改，下面来看一下最终的定稿，如图 3-27 所示。

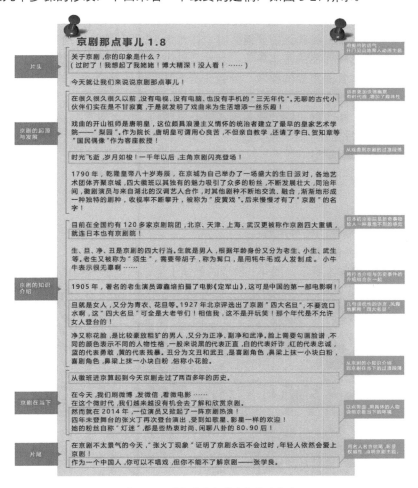

图 3-27　《京剧那点事儿》最终文案

第4章
脚本设计

文案部分完成以后，就进入脚本设计环节。在这个环节中，一方面是将简单的文字信息转换为相应的画面，让信息可视化；另一方面，还需要进行镜头间的转场设计，实现段落与段落之间、场景与场景之间、镜头与镜头之间的无缝衔接。脚本设计也是 MG 动画制作过程中非常重要的一环，是将创意想法进行视觉化呈现的第一步。

4.1　关于分镜头脚本

分镜头脚本也叫"分镜头台本"或"动画故事板"，是动画制作前期工作的重要环节。MG 动画的分镜头脚本其实与传统二维动画的分镜头脚本并无太大区别，都是由镜头画面和文字说明组成。

镜头是动画和所有影视作品的基本单位，无论是动画的前期角色和场景的设计，还是后期动作调试及合成，分镜头脚本都是重要的参考。分镜头脚本其实就是整个动画的设计规划图，我们可以通过它清楚地分析画面构图、镜头时长和运动的合理性，以便及时调整。

在实际制作过程中，每个项目的分镜头脚本都不尽相同，但一般包括以下几方面内容：

① 镜号，即镜头顺序号；

② 画面，即分镜头草稿图；

③ 内容，即镜头内容的文字介绍；

④ 镜头类型，即推、拉、摇、移、跟等镜头运动方式；

⑤ 旁白词，即配音词；

⑥ 音效，即动画中需要的各种声音；

⑦ 时长，即每个镜头的时间长度。

分镜头脚本格式如表 4-1 所示。图 4-1 展示的是迪士尼动画电影《钟楼怪人》分镜头草图。

图 4-1　迪士尼动画电影《钟楼怪人》分镜头草图

表 4-1　分镜头脚本格式

镜号	画面	内容	镜头类型	旁白词	音效	时长

4.2　分镜头脚本设计技巧

在传统的二维动画中，往往需要用故事板梳理剧情，因为设计重点在于镜头与叙事的关系。而在说明类的 MG 动画中，很少需要讲故事，大多数镜头的内容都是解说词的画面表达，通过动画解释传递的信息。设计分镜时，画面与旁白词是紧密联系的，旁白词即画面，画面即旁白词，两者要同步，这是 MG 动画的独特之处。

分镜头设计得是否有创意决定了最终的动画能否吸引观众的注意力。一个 MG 动画设计师需要"脑洞大开"，用极强的想象力，通过文字去联想画面，创作出有趣味、有内涵的动画镜头。这些都需要我们生活中长时间的艺术积累，当然也可以通过一些小技巧对画面进行设计。

1. 信息图形化处理

人们一般更倾向于视觉认知，由此便出现了图片优势效应，即比起文字，观众更容易记住图形。且图像也容易表现需要传达的数据、信息和知识，还可以使画面变得创意十足。如果在 MG 动画的画面中通篇都用文字表达信息的话，那就跟 PPT 没什么区别了。我们将文字信息设计为图形信息时，图形与文字的含义要一致，向观众传达清晰且正确的内容。

在进行图形化设计时，要注意图形要新颖、有吸引力，能与观众产生共鸣。图形的样式可以是多样的，点、线、面或是具体图像，只要能够准确传达主题信息就可以使用。除此之外，还要做到简单易懂，能够突出重点，如图 4-2、图 4-3、图 4-4 所示。

图 4-2　《你不知道的成都》

图 4-3　《当成都遇见重庆》

图 4-4　*Parallels Mac Management for SCCM*

2. 数据可视化呈现

数据是 MG 动画中重要的内容，用数据作为支撑的动画讲解会更具有说服力。当文案中出现各种具体数据时，我们可以在数据上大做文章，对数据进行可视化是分镜设计的重要手法。大多数人对数字是不太感兴趣的，将数字变成图形、图表之后，画面的可读性就会增强。柱状图、饼图和折线图等图表是最原始的数据可视化方法，借此我们能够直观地了解具体数字和比例变化，如图 4-5 所示。

另外，在普通数据图的基础上进行个性化的图形设计是个很好的表现形式，大大增加了画面的趣味性，如图 4-6 所示。而当我们的关注点由数字变为比例关系时，可以直接用图形代替数字，通过图形的数量来进行比较，让观众一目了然，如图 4-7 所示。

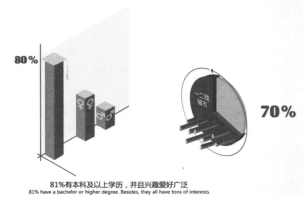

图 4-5　《兴趣让用户与品牌不期而遇》

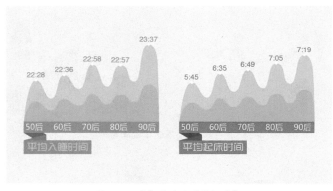

图 4-6　《中国睡眠质量报告》

图 4-7　《什么样的人最招蚊子"疼"》

3. 借鉴经典动画

经典的动画场景或是人物造型在观众的心中根深蒂固，对这些经典作品进行合理的借鉴和模仿，会让观众感到亲切，从而加深画面印象，更好地传达信息。

经典作品中能够利用到的场景有很多，也可以去挖掘创新，例如经典游戏中的祖玛（如图4-8所示）、超级玛丽（如图4-9所示）、打地鼠（如图4-10所示）等的场景都是不错的选择。在利用这些经典场景时，要认真分析文案内容，找到关键点和亮点，对这些经典场景进行合理的再设计，不要原封不动地照搬，要与动画内容完美地融合在一起。

图4-8 《三分钟科普五险一金》

图4-9 《京剧那点事儿》

图4-10 《iOS豆子宣传动画》

4．手势动作插入

当镜头中需要物体移动时，可以插入手势动作，模拟主观镜头的感觉。手势有诸多形式，如手持手机、操控画面中的元素等。这些形式既增加了动画的互动感，又让画面衔接得更加流畅，如图4-11、图 4-12、图 4-13 所示。

图 4-11　《京剧那点事儿》

图 4-12　《四分钟看懂毒品的危害》

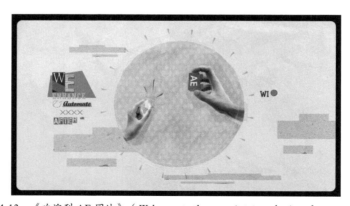

图 4-13　《欢迎到 AE 园地》（*Welcome to the aescripts+aeplugins playground*）

5．动画人物讲解

通过动画人物讲解画面内容是一种比较讨巧的叙事形式。当出现一些比较严肃的信息，难以用图形、图像表现时，我们可以设计动画角色来进行讲解、说明。根据动画内容，可以通篇讲解，也可以只讲解某个段落，如图 4-14、图 4-15、图 4-16 所示。

图 4-14 《三分钟科普网球趣史》

图 4-15 《北京控烟的幕后英雄》

图 4-16 《人为什么会做梦》

4.3 转场设计

在 MG 动画中，我们把转场设计作为分镜头脚本中重要的一部分。转场是传统动画中段落与段落、场景与场景之间的过渡或转换。而在 MG 动画中，转场的意义不单单是交代段落和场景的转换，还关系到整部动画的表现力。丰富的转场动效在增加镜头间连贯性的同时，还增加了段落与段落间的节奏感，为整部动画增色不少。

很多时候我们在观看 MG 动画时，都会惊叹于它的流畅度和节奏感。这种流畅度一方面来源于镜头内部图形变换的收放自如，另一方面则来源于镜头间的无缝衔接。有些 MG 动画其实是由多个完全不同的段落拼接而成，看起来却是一镜到底，这依赖于 MG 动画独特的转场技术。

在影视制作领域，通常将转场分为两大类：无技巧转场和技巧转场。无技巧转场是指场面的过渡不依靠后期特效制作，两个镜头之间通过单纯的剪切来实现视觉上的流畅转换。技巧转场则是指利用特技合成手段来完成段落间的过渡，传统的特技转场有淡入淡出、叠化、闪白等。由于 MG 动画通常都是靠软件制作出来的，转场基本上离不开特技合成，但是又不局限于传统的转场技巧，有其自身的特点。

4.3.1　传统特技转场

传统特技转场比较简单，即将镜头与镜头直接剪接在一起，利用剪辑软件添加一些过渡效果，例如淡入淡出、叠化、划像、翻转等技巧，如图 4-17 所示。这种转场方式并不涉及镜头动画的设计，而是直接切换两个已经完成的镜头。传统的特技转场能够明确地划分段落，在内容叙述上相辅相成。但缺点是比较生硬，缺少了 MG 动画特有的动态效果，衔接上少了连贯性。

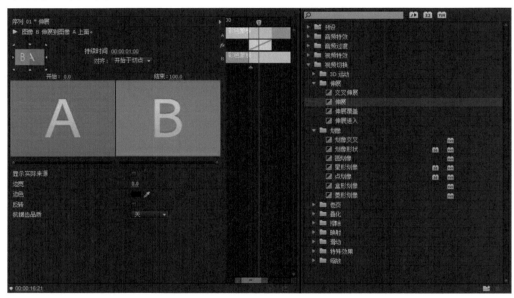

图 4-17　特技转场

4.3.2　MG 动画常用的转场

MG 动画经常会借鉴影视制作中的"无技巧转场"手法来进行转场设计，但与我们通常理解的"无技巧转场"又有所不同。电影是单纯将两个镜头剪接在一起，两个镜头由于内容和形式上产生某种关联，形成了近似"无缝"的转换。而 MG 动画则是在其基础上，巧妙、合理、主动地对镜头转换处进行动画设计，将两个镜头或多个镜头连接在一起，使其在视觉上一气呵成，仿佛是一个镜头，达到影视作品和传统二维动画达不到的特殊效果。

MG 动画的转场手法十分丰富，常用的大致可分为以下 6 种类型。

1. 相同主体转场

若需要转接的两个镜头中具有相同的主体角色，并且角色位置相同，动作一致，这时就可以保持镜头中主体角色不变，通过背景或场景变换来进行转场，以此来达到视觉连续、转场顺畅的目的。

相同主体转场往往与素材的位移相结合，需要对场景进行重新搭建。要注意的是，在转接中主体不变的情况下，背景或场景的变换反差要大。两个不同的场景设计差别越大，转场给观众造成的视觉冲击就越强烈，如图 4-18、图 4-19 所示。

图 4-18 《兴趣让用户与品牌不期而遇》

图 4-19 《粽子大战：你是咸党还是甜党》

2. 运动镜头转场

我们在制作中可以模拟一个摄像机，利用镜头的放大、缩小、转动、移动等运动方式来模拟完成摄像机推、拉、摇、移、甩等常见的效果。由于镜头的运动与摄像机不同，不用考虑焦点、位置、距离等因素，因此在动画中往往会达到影视作品中无法实现的效果。

在利用这种手法时，无论是从整体到局部还是从局部到整体，都需要在一个大的动画场景中进行。由于运动的冲击力和镜头内容本身的连贯性，这种转场方式会十分顺畅，真正做到无缝衔接，如图 4-20、图 4-21 所示。

图 4-20 *Trendy Butler*

图 4-21 *The Runaway*

3．素材位移转场

这种转场的方式是在原镜头的基础上，将原有素材通过旋转、放大、缩小、平移的方式移除，同时将新镜头的素材按同样的方式移入画面中。这种转场方式更加灵活，场面变换自如，能适应多样化的镜头，如图 4-22 所示。

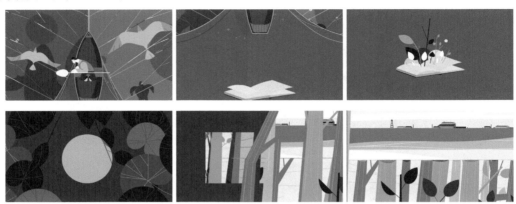

图 4-22　*CNN Colorscope Green*

为了避免动画太过死板，需要将整体内容打散，角色、场景和其他素材尽量避免一起移动，要有层次感。在移除旧素材和移入新素材时，两者的时间把握要恰到好处，转场要紧凑、连贯、不拖沓，做到一次完成。

4．封挡镜头转场

在镜头转接时，镜头被画面内的素材遮挡住，完成镜头的过渡或者切换，这种转场叫作封挡镜头转场。封挡镜头转场分为两种情形，一种是镜头切换的同时，一些大面积的额外道具将镜头全部遮挡或者半遮挡，通过素材移动最终完成镜头过渡，如图 4-23 所示。

图 4-23　*Bamerno Company*

而另外一种情形则是镜头内的素材发生形变或者放大遮挡住整个镜头，然后镜头可直接切换，也可以在封挡的基础上通过素材位移完成转场，如图 4-24 所示。

图 4-24　*Enjoy Delightfully*

5．装饰图形转场

转场时在镜头与镜头之间加入一些色彩鲜艳的装饰图形色块，让镜头间的过渡更加有趣，代入感更强。这种转场在其他影视作品或传统动画中不太常见，但是广泛应用于 MG 动画，是 MG 动画独具特色的转场方式。

装饰图形的类型有很多，网上也有单独的转场动效模板可以供我们直接使用。在应用时，要注意色块的色彩搭配，要与画面相协调，保持色彩基调的一致性。动效制作时要注意动作节奏，不能过于烦琐，要追求简洁高效、创意十足，如图 4-25、图 4-26 所示。

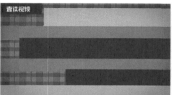

图 4-25 《为什么西方人用刀叉，中国人用筷子》

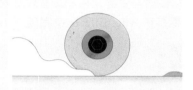

图 4-26 *The Fall*

6. 混合转场

以上 5 种转场方式在 MG 动画中一般都不是单独应用的。大多数情况下多种转场方式可以混合使用，只要符合镜头要求，与动画行进节奏相协调就可以采用。常见的方式是通过封挡镜头、装饰图形、素材位移放大等方式过渡到纯色图层，然后在纯色图层上进行素材的位移操作，最终过渡到下一个镜头，如图 4-27 所示。

转场在 MG 动画中是自由的、随心所欲的，不断地发掘、创新转场方式就会让动画拥有更强的表现力。

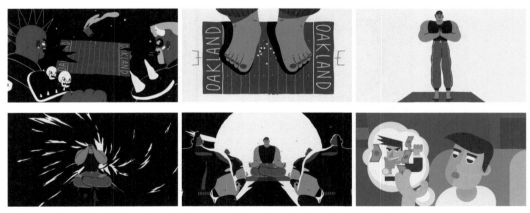

图 4-27 *Baron Baptiste*

第5章

图形创意

当前期的文案策划和分镜头脚本全部准备完毕之后，就可以开始进行角色设计和场景设计工作了。MG 动画中的角色和场景设计需要用到 Photoshop 或 Illustrator 等设计类软件，当然部分工作也可以直接在 After Effects 中完成。

5.1 设计法则

5.1.1 扁平化设计

德国著名工业设计师迪特·拉姆斯（Dieter Rams）说过："优秀的设计是最简洁的。"这句话也解答了为什么当今扁平化设计能够风靡全球。扁平化设计，顾名思义，这是一种强调以"扁"和"平"为特点的设计风格，在设计的过程中忽略物体本身的立体效果和表面装饰，把设计重点从对物体的写实塑造，转为对物体造型的抽象化处理及颜色的搭配。这是它与拟物化设计最显著的区别，如图 5-1 所示。

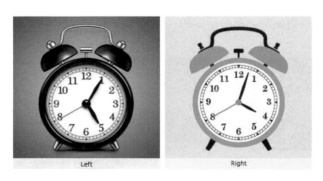

图 5-1　拟物化设计与扁平化设计（来源于网络）

关于扁平化设计的产生，众说纷纭，但归根结底，是写实化的设计已经无法满足大众的审美。所以在互联网大环境的驱使下，扁平化设计就应运而生并大范围应用开来。

扁平化设计风格与 MG 动画是一对好伙伴。扁平化风格的角色和场景由静态变为动态后，更加生动活泼。在 MG 动画中，这种风格完全符合图形动画的设计要求。在动画的实际制作过程中，快速高效的扁平化设计也极大地提高了工作效率。通过国内外设计师的不断发展创新，扁平化设计也衍生出了各种不同的风格。

1. 常用的扁平化

这种扁平化风格是非常普遍的，追求个性化的颜色搭配，设计简洁流畅，无边框设计，通过颜色的明度、色相、饱和度区分出结构关系，有时也会有少量简单的阴影，如图 5-2 所示。这种风格往往应用在平面设计、手机 UI 设计、网页设计等方面。

图 5-2 常用的扁平化（LxU 作品《平安壹钱包》）

2．点线面风格

这一设计风格往往很抽象，极少用于表现角色，而是用单纯的点、线、面、文字等元素，通过组合变换，配合文案、音乐以达到讲述的目的。比较有代表性的就是前面提到的 2013 年苹果全球开发者大会的 MG 动画开场视频，如图 5-3 所示。

图 5-3 点线面风格

3．MBE 描边风格

这种风格大约出现于 2015 年秋天，MBE 其实是一名来自法国巴黎的设计师，他的作品风格被业内称为 MBE 风格。这是一种填充加描边错位的插画风格，小巧可爱，十分适合用来表现卡通角色，因此风靡网络，如图 5-4 所示。在动画中使用这一风格，通过描边线条流动及装饰物的闪现变化，画面看起来会更有韵律感。

4．插画风格

这一类的风格相对复杂，设计颜色的运用更加大胆，通常采用渐变色与纯色相结合的方法，摆脱了传统扁平化颜色单一的问题。由于色调丰富，并且有时也会在画面中叠加纹理，所以画面中可以营造出不同的氛围。但其线条和图形仍然是简约大方的常用风格，因此仍可归类为扁平化设计，如图 5-5 所示。

图 5-4 MBE 描边风格

图 5-5 插画风格（来源于网络）

5.1.2　布尔运算

布尔运算是扁平化设计中必须要掌握的一项技能。它源于一个名叫布尔的英国数学家，是一种数字符号化的逻辑推演法，广泛应用于数学、几何学、逻辑学等学科当中。大家千万不要被这个高大上的名字所迷惑，误认为这是一个很难的学术名词。其实它非常简单易懂，并且在设计中是非常基础的技能，在二维设计和三维图形领域都有所应用。

简单来说，布尔运算就是通过图形的相加、相减、相交、反交等操作，将简单的基本图形组合成新的图形，如图5-6所示。

当然这只是简单的图形组合，在我们设计的角色和场景中，可能运用到更多、更复杂的布尔运算。但是"万变不离其宗"，只要熟悉了这4种基本操作，不管什么样的图形基本上都可以迎刃而解。图5-7所示是一些比较著名的布尔运算案例。

图 5-6　布尔运算　　　　　　　　　　　　　图 5-7　布尔运算案例

试一试：下面我们通过一个小例子来讲解如何进行布尔运算。

我们首先要学习Photoshop中需要用到的几个工具。在设计中，只有矢量图形才可以进行布尔运算操作，所以应用到的工具都是用来设计矢量图形的。

1. 钢笔工具

钢笔工具可以创建图形也可以创建路径，画出来的图形放大后不失真。我们可以通过【添加锚点工具】、【删除锚点工具】、【转换点工具】等调整形状，如图5-8所示。

2. 路径选择工具

路径选择工具组用于调整、操控锚点，其中【路径选择工具】是对整体路径的操作，而【直接选择工具】可以单独选中一个或多个锚点，对形状的局部进行操控，如图5-9所示。

图 5-8　钢笔工具

图 5-9　路径选择工具

3. 形状工具

形状工具包括【矩形工具】、【圆角矩形工具】、【椭圆工具】、【多边形工具】、【直线工具】、【自定形状工具】等，可以快速地绘制出基本几何图形和其他自定义图形，如图5-10所示。

我们将利用这几个工具，通过布尔运算做一个小火箭，如图 5-11 所示。制作过程中会介绍到很多布尔运算的小技巧，让我们开始学习吧！

图 5-10　形状工具

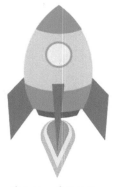

图 5-11　最终效果

第一步，新建画布，宽度设为 1 000 像素，高度设为 1 000 像素，背景内容为白色，其他参数如图 5-12 所示。

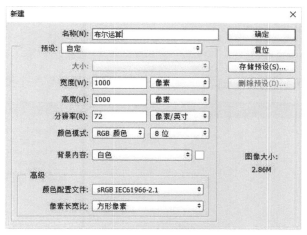

图 5-12　新建画布

第二步，使用【椭圆工具】，新建圆形，颜色为（#adffe3），其他参数如图 5-13 所示。

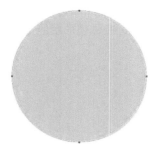

图 5-13　新建圆形

第三步，绘制火箭主体形状。使用【移动工具】，按住 <Alt> 键的同时，按住鼠标左键移动图形，得到另一个圆形，如图 5-14 所示。

使用【直接选择工具】 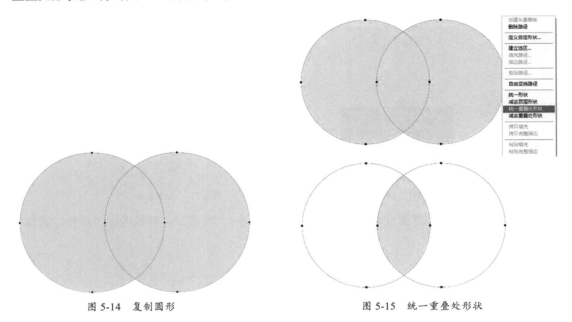，将两个图形同时选中后，单击鼠标右键，从弹出的菜单中选择【统一重叠处形状】，得到图5-15所示的形状。

图 5-14 复制圆形　　　　　　　　　　　图 5-15 统一重叠处形状

单击属性栏中的【路径操作】按钮，选择【合并形状组件】，得到一个橄榄形状，如图5-16所示。

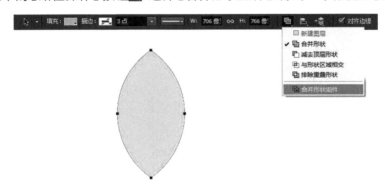

图 5-16 合并形状组件

使用【椭圆工具】 ，在橄榄形状的上面新建一个圆形，如图5-17所示。

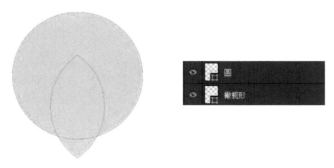

图 5-17 新建圆形

使用【直接选择工具】，将两个图形同时选中后，单击鼠标右键，从弹出的菜单中选择【统一重叠处形状】，得到图 5-18 所示的形状。

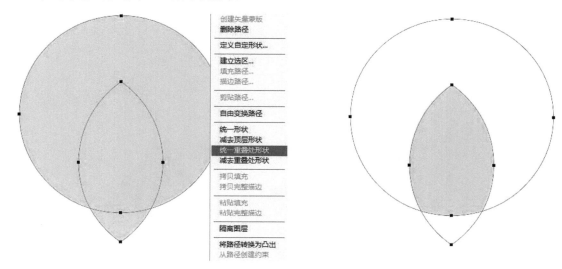

图 5-18　统一重叠处形状

单击属性栏中的【路径操作】按钮，选择【合并形状组件】，得到火箭主体形状，如图 5-19 所示。

第四步，绘制装饰。我们需要在图 5-19 的图形上面添加火箭表面的装饰图形，所以将图 5-19 的图形复制一次，得到一个副本。然后再新建一个圆形，尺寸自定，将圆形置于火箭主体副本上，使用【直接选择工具】，将两个图形选中后，单击鼠标右键选择【减去顶层形状】。然后单击属性栏中的【路径操作】按钮，选择【合并形状组件】，得到图 5-20 所示的底部装饰形状，将颜色设置为（#46cd9f）。

图 5-19　合并形状组件

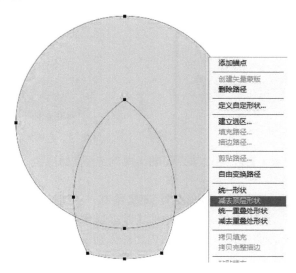

图 5-20　底部装饰绘制

45

将图 5-19 的火箭主体图形再复制一次,得到新的副本。新建圆形,尺寸自定。将圆形置于该火箭主体副本上,使用【直接选择工具】 ,将两个图形选中后,单击鼠标右键选择【统一重叠处形状】,单击属性栏中的【路径操作】按钮 ,选择【合并形状组件】,得到图 5-21 所示的顶部装饰形状,将颜色设置为(#46cd9f)。

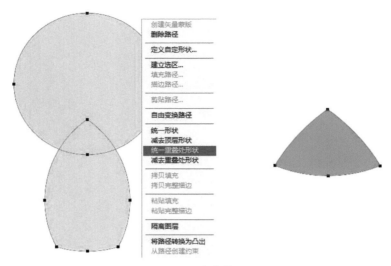

图 5-21　顶部装饰绘制

复制图 5-20 得到的底部装饰得到副本,并将其缩小,颜色调整为(#599782),完成底部的火焰发射器的绘制,如图 5-22 所示。

将顶部装饰形状、底部装饰形状、火焰发射器与火箭主体进行组合,加上描边圆形窗户,完成主体造型的制作,如图 5-23 所示。

图 5-22　绘制火焰发射器　　　　　图 5-23　主体造型

第五步,绘制火箭尾部。使用【钢笔工具】 ,通过锚点勾勒出尾剖造型,颜色为(#3bab85),与火箭主体组合,如图 5-24 所示。

第六步,绘制尾部火焰。使用【椭圆工具】 和【多边形工具】 ,绘制一个圆形和一个三角形,选中两个图形,单击鼠标右键选择【统一形状】,单击属性栏中的【路径操作】按钮 ,选择【合并形状组件】后得到形状。将形状复制两个,调整大小关系,由内到外分别设置颜色为(#ffa243)、(#ffe890)、(#f1cf4a),得到火焰造型,如图 5-25 所示。将火焰添加到火箭底部,得到最终的火箭成品,如图 5-26 所示。

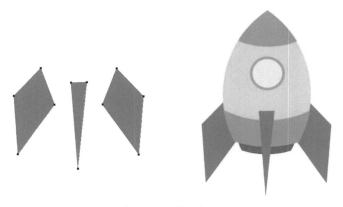

图 5-24　火箭尾部造型

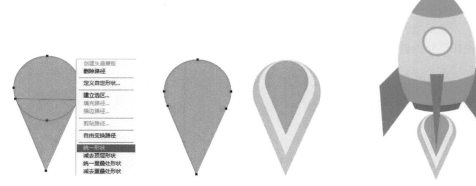

图 5-25　火焰造型

图 5-26　最终完成的火箭

5.1.3　基本型原则

在扁平化设计当中，无论是动画角色还是动画场景，都需要有一个基本型作为基础，而这个基本型往往是我们平时常见的圆形、矩形、多边形等规则的几何图形，如图 5-27 所示。

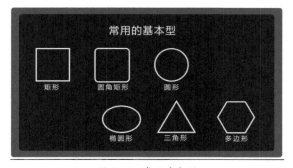

图 5-27　常用基本型

基本型原则就是为了追求简约的扁平化风格,用几何图形作为所有角色和场景的基本构成单位。简单的图形可以直接由基本图形组合获得，而复杂的图形，则是以基本几何图形为基础，通过变换、形变得到的，如图 5-28 所示。

图 5-28 通过简单基本型组合变换获得的 ICON 图标（来源于网络）

利用基本型有两个优势。第一，操作简便。一些复杂的图形我们不需要用钢笔工具，直接利用现有的几何图形，通过一个个锚点就可以绘制形状，能够省掉大量时间，提高工作效率。第二，造型流畅。在矢量图形中，锚点越少，线条就会越圆滑，我们依托于基本形状的完整性，把锚点的数量降到最低，能够准确地把握形状的流畅度。从图 5-29、图 5-30 中能看出锚点绘制与基本型绘制的区别。

图 5-29 利用锚点绘制的鲸

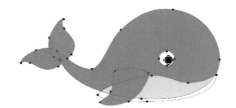

图 5-30 利用基本型绘制的鲸

试一试：我们将以绘制鲸为例，讲解如何利用基本型进行角色设计。

第一步，根据图 5-31 的设计草图拆分结构，提取基本图形。首先把造型拆分为身体、鱼鳍、鱼尾、眼睛、腹部几个部分进行单独绘制，绘制完成后进行组合。由于鲸的造型多是曲线，所以确定以椭圆形作为基本型，在此基础上进行形变操作。

第二步，通过添加、转换锚点等工具修改基本型。在椭圆形的基础上，移动锚点，利用【添加锚点工具】、【删除锚点工具】、【转换点工具】调整形状，不断地修改，最终得到我们需要的造型，如图 5-32 所示。锚点的位置要准确，曲度要圆滑。一个很重要的规律是：锚点越少，线条越流畅。

图 5-31 提取基本型

 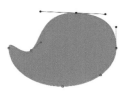 

图 5-32 修改基本型

用这种方式做出鱼尾、鱼鳍、腹部的形状，如图 5-33 所示。

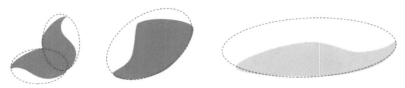

图 5-33　做出其他形状

在做鱼尾时，需要一分为二。由于左右造型相似，在做好一边之后，复制这个形状，在这个基础上稍微进行改动即可，如图 5-34 所示。

由于鲸的腹部是鲸身体的一部分，下边缘其实是与鱼身重合的，我们只需要画好上半部分线条，处理掉下半部分多出的身体，然后通过第三步中剪贴蒙版的方式，将两者组合，如图 5-35 所示。

图 5-34　绘制鱼尾　　　　　　　　　　　　　图 5-35　绘制鲸腹部

第三步，将做好的各部分形状组合拼接在一起。在组合的过程中，会用到剪贴蒙版这个技巧。剪贴蒙版是利用处于下方图层的形状来限制上方图层的显示状态，具体操作是将腹部图层放在身体图层上面，并同时选中这两层，然后将鼠标指针移至这两个图层的中间位置，按住 <Alt> 键单击鼠标左键，这样超出身体的腹部就不见了，如图 5-36 所示。

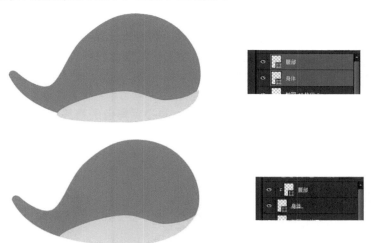

图 5-36　剪贴蒙版的使用

组合完成后，装上眼睛，整头鲸就完成了，如图 5-37 所示。

TIPS

成品的美观度，取决于我们是否熟练掌握了【锚点工具】和【转换点工具】。刚接触这些工具，尤其是【转换点工具】时，我们可能会感到不太适应。没关系，勤加练习，掌握了转换点与操纵手柄的规律之后，绘制图形就能得心应手了。

使用【转换点工具】时，如果想重新调整线条曲度，只要单击锚点，曲线变为直线，就可以重新调整，如图 5-38 所示。

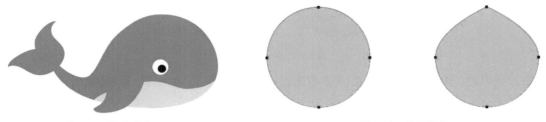

图 5-37　最终效果　　　　　　　　　　　　　　图 5-38　转换锚点

按住<Alt>键移动操纵手柄时,只会改变锚点单边的曲度,不会影响到另一边,如图 5-39、图 5-40 所示。

图 5-39　双边调整　　　　　　　　　　　　　　图 5-40　单边调整

5.1.4　图层分层处理

在 MG 动画中，无论是角色动画还是场景动画，前期设计都要考虑后期的动画制作。因为 MG 动画通常是通过添加关键帧，对图层进行位移、变形来使角色和场景产生动态效果的，所以前期制作的素材必须进行图层的分层处理，使素材具备可操控性，这一点是 MG 动画与传统二维动画的不同之处。

拿角色动画举例：用 Photoshop 绘制角色时，要根据角色的最终动态，将角色关键部位区分出来，包括四肢、躯干等部分，然后给各图层准确命名，方便在 After Effects 中进行操控，如图 5-41 所示。

图 5-41　前期角色设计图

在后期制作中，角色再以分层的形式导入 After Effects 中，以便分层制作动画。因为只有将角色各个图层分开，单独添加关键帧，才能制作出生动流畅的动画效果，如图 5-42 所示。

图 5-42　后期动作制作图

5.1.5　色彩方案

色彩能够烘托整部动画作品的气氛，能够表达出作者的情绪和整部动画的基调。在动画制作中，颜色的搭配至关重要，有时要在配色方案上花费很多时间。因为在扁平化设计当中，添加颜色不仅需要让画面更加丰富多彩，还需要通过色彩变化体现出画面的空间感。

1．配色法则

扁平化设计中的配色是没有局限的，你可以选择所有你喜欢的颜色进行搭配。但我们在设计当中还是需要遵守一定的法则，合理运用基本的色彩理论，不断加深对色彩的了解，从生活中学习，从优秀设计师的作品中学习，这样才能搭配出赏心悦目的颜色。让我们来看一下那些值得一试的颜色搭配。

- 复古色

复古色是指那些饱和度、纯度都较低的颜色，即我们通常所见的较暗的颜色。这类颜色柔和、平稳，常用来为动画当中的深远背景着色，如图 5-43 所示。

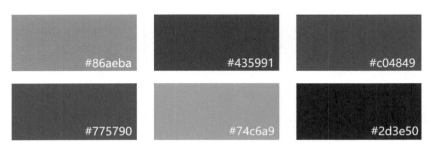

图 5-43　复古色

- 单一色

单一色又称为同类色，是在单一色相的基础上改变其明度。用法上可以搭配黑色或白色，色彩反差较小，简约时尚，能够凸显画面的整体性，如图 5-44 所示。

- 邻近色

使用在色环上相邻的色彩，这种配色方案避免了同类色的单一性，让颜色有丰富的变化，但又不会反差过大。这样的搭配亲切而有层次，是一种保守的选择，如图 5-45 所示。

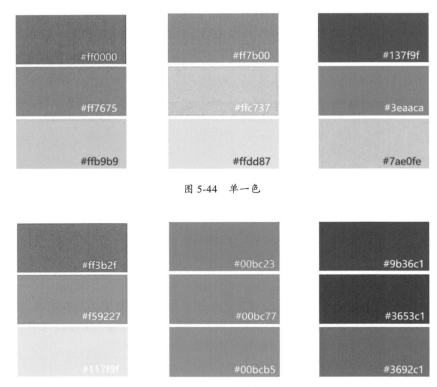

图 5-44　单一色

图 5-45　邻近色

- 互补色

互补色是在色环中相对的两种颜色，常见的有红配绿、黄配紫、橙配蓝等，如图 5-46 所示。特点是颜色对比强烈、醒目。在动画中应用能够突出角色，与场景形成反差。

图 5-46　互补色

2．颜色与空间

扁平化的设计摒弃了阴影、渐变、高光等立体塑造方法，所以我们要通过颜色的搭配来区分角色与背景的位置关系，以及景物间的远近关系。这就涉及色彩与空间关系的概念。

通常，色彩的冷暖、明度、纯度等差别都可以区分出空间，于是就产生了两组色彩类型。

- 前进色与后退色

在同一平面的颜色中，比其他颜色看上去更靠近我们眼睛的颜色，被称为前进色。纯度高、明度低、暖色相的色彩看上去有向前的感觉，如图 5-47 所示。

与前进色相反，在同一平面中，看上去距离我们眼睛较远的颜色，被称为后退色。纯度低、明度高、冷色相的色彩看上去有向后的感觉，如图 5-48 所示。

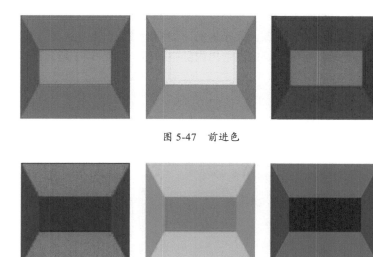

图 5-47   前进色

图 5-48   后退色

常用的前进色包括红色、橙色和黄色等暖色，主要为高彩度的颜色；而常用的后退色包括蓝色、绿色和紫色等冷色，主要为低彩度的颜色。

在动画制作中，前进色和后退色的概念，为场景的设计特别是室外场景的设计提供了可参考的依据。我们可以根据这组颜色的特性，进行空间塑造。画面靠前的人物或建筑可以采用纯度高、明度低的暖色，而远处的背景建筑可以采用纯度低、明度高的冷色。在一个平面内，由于前进色与后退色的变化，就产生了前后的纵深感，如图 5-49 所示。

图 5-49   *Flower*

- 重色和轻色

同色相的情况下，深色给人下坠感，浅色给人上升感。同纯度、同明度的情况下，暖色较轻，冷色较重，这就是重色和轻色的区别，如图 5-50 所示。

图 5-50   重色和轻色

在动画制作中，重色和轻色在室内场景的设计中起到重要的作用。室内场景的关键在于垂直面和平行面的区分，如地面与墙壁。用深色表示地面，以相对较浅的颜色表示墙面，或者用冷色表示地面，暖色表示墙面，这样就能够明确地塑造出内部空间感，如图 5-51 所示。

图 5-51　MG 动画《父亲》

5.2　角色设计

在电影中，好的故事需要好的演员来演绎。在 MG 动画中，一篇好的文案也需要各种各样的角色来配合，这些角色有的可能要贯穿整部动画，有的也可能一闪而过。然而每个角色的造型都是相当关键的，角色的设计会影响到 MG 动画的最终质量，并且有创造力的角色设计往往能给观众留下深刻的印象。

5.2.1　MG 动画角色的特点

MG 动画中的角色分为很多种，根据文案的内容进行设计，可以是动物、植物或其他的创造性角色，常用的当然还是扁平化的人物角色。想要设计出有创造性的 MG 动画角色，我们要注意以下几点。

1. 夸张化表现

动画角色的夸张化处理有着悠久的历史，早期的动画中就有很多夸张的角色，如图 5-52、图 5-53 所示。在设计 MG 动画角色时，要根据角色本身的个性特征，在角色的身体各部位，通过放大、缩小、拉长、压扁等手法做出夸张的变形操作，让角色更加具有艺术感染力。

图 5-52　幸运兔子奥斯华是米老鼠的早期形象

图 5-53　国产动画长片《铁扇公主》中的孙悟空造型

2. 趣味性造型

MG 动画本身就是轻松幽默的，所以更需要角色的塑造去增加这种感觉。一个有趣的 MG 动画角色会给人们带来欢乐。我们可以认真观察生活，捕捉有趣的动作、表情，利用夸张、变形的方法融入动画角色中。此外还可以通过添加一些趣味的小元素，例如胡须、眼镜、服饰等对角色进行装饰，来增加角色的趣味性，如图 5-54、图 5-55 所示。

图 5-54 瑞典设计师 Markus Magnusson 作品

图 5-55 bilibili 中人物角色设计

3. 运用基本型

由于矩形、圆形、三角形等几何图形本身具有形式美感，所以通过基本型制作的角色形象，视觉风格会更加单纯鲜明，整体造型上更加统一。不难发现，很多我们熟悉的动画角色都用到了基本型的原则，如图 5-56 所示。通过基本型操作的角色能在观众脑海中留下深刻的印象，《愤怒的小鸟》就是基本型在动画角色上的成功运用，如图 5-57 所示。

图 5-56 知名动画角色基本型

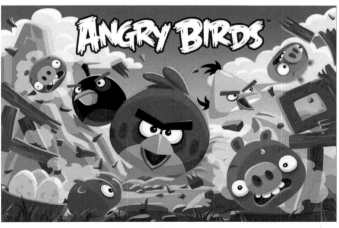
图 5-57 《愤怒的小鸟》

TIPS

在 MG 动画角色中，要灵活运用基本型原则，设计出更加个性化的造型。要做到这一点，就要展开想象，勇于尝试各种夸张造型，既不能拘泥于客观形象，也不能让基本型过于死板。要灵活运用，从角色本身出发选用一些简单、直观，并且有高度概括性的几何图形。要能够直观地体现角色的比例关系，表现角色夸张的体态和动态，如图 5-58 所示。

图 5-58　不同基本型的角色（来源于网络）

5.2.2　角色形体绘制流程

我们以人物角色为例，从形体和面部两个方面介绍如何绘制人物角色。面部和形体是紧密关联的，但是在设计形体和面部时，考虑的重点却略有不同。在形体设计中，需要把重点放在身体比例和动作上，人物的表情和神态就要进行简化处理。而当动画中需要面部的近景、特写镜头，或者在形体设计中面部比例较大时，面部的设计就需要在扁平化的基础上，着重对五官、脸型和发型进行处理，传达人物角色的性格和情绪。

形体绘制要通过 4 个阶段，如图 5-59 所示。草稿阶段：确定身体比例，勾画草稿，大致画出各部分基本型和人物动态。基本型阶段：利用基本的几何图形，概括出人物基本造型。塑造阶段：在基本型的基础上深入绘制，调整颜色和图形。转体图阶段：在正面造型的基础上，按照文案要求绘制角色的其他角度。

图 5-59 形体绘制的主要流程

1. 草稿阶段

　　动画角色设计中，一般都以头部为单位，通过改变角色的头身比来塑造人物的整体形态。在 MG 动画中，不同的头身比，表现出来的人物角色风格各异。通常成年人的体型正常比例是 7.5 ～ 8 头身，但是在 MG 动画当中，为了表现可爱的卡通形象，通常可以使用 6 头身以下的比例来塑造人物，这样的体型会显得可爱圆润，适合用动画形式表现，如图 5-60 所示。不同的身高与身宽的比例关系，能够体现角色身份、职业和性格特点。在同一部动画中，若出现对立的角色类型，为了让角色更具识别性，就要从角色特点本身出发，让两者在体态比例上有所区分，强调出造型上的不同，如图 5-61 所示。

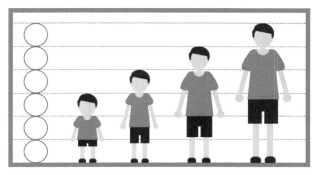

图 5-60 不同的头身比

图 5-61　360° 交互短片 *Rain or Shine* 角色设计

而如果在同一场景或同一镜头中出现多个动画角色，且动画角色类型相差不大，为了保证统一性，尽量采用同样的头身比，如图 5-62 所示。

2. 基本型阶段

根据草稿，需要使用圆形、矩形、梯形等几何图形组合构成角色时，一方面可以通过调整各部分结构位置确定角色形态，另一方面是对局部形状进行大致概括来构成角色。

对于发际线、鞋子、辫子等一些复杂图形，可以化繁为简，先用简单的圆形或者矩形表示，下一步再进行细致的塑造，如图 5-63 所示。

图 5-62　*New Year Resolutions* 中的角色

图 5-63　设计基本型

3. 塑造阶段

如果说我们在设计基本型时是大胆抓整体，那么这一步正好相反，需要认真做细节。在基本型的基础上，对几何形体进行形变塑造。调节锚点位置和曲线，完成对发型、手臂、服饰、鞋子等形状的细致处理，熟练利用【转换点工具】，确保图形线条流畅。

本案例为一个女生角色，我们从可爱腼腆的性格入手，对五官进行深入刻画，完整地绘制出眉毛、眼睛、眼睫毛、腮红、耳朵、鼻子和嘴巴。圆眼睛、长睫毛都是可爱女生的基本相貌，为了更加突出可爱的感觉，在眼睛底下加上两个椭圆形的腮红，可为整个角色增色不少。还可以点、线、面相结合，用线性风格绘制出简单的鼻子和嘴巴，如图 5-64 所示。

颜色的搭配也是十分重要的。在确定以红色作为主色调后，选用褐色和黄色作为副色，通过红色的深浅区分出手臂和身体的层次关系，整个角色基本上就完成了。

TIPS

如果我们想让角色更具特色，就要在细节的刻画上认真思考。不同人物类型的细节处理是不同的。

在性别方面，男性和女性可以从发型、身材、穿着等几个地方进行区分，如图 5-65 所示。

图 5-64　塑造细节　　　　　　　　　　　　　　图 5-65　男女角色

　　在年龄方面，儿童的形象要更加活泼，脸型以圆形为主，眼睛占据面部的比例要大，表情要快乐，透露出纯真的性格特点。而相比之下，老年人的形象反差很大，弯腰驼背，脸型一般多为瘦长的椭圆形，头发稀少，面部有皱纹，眼睛细小、下垂，还可以加上花白的胡子和老花镜，如图 5-66 所示。

　　认真思考哪些局部设计能表现人物的心理特征，哪些细节装饰能够体现、增加角色的识别度。多从生活中学习，在生活化的思维上进行创造，这样才能设计出精彩的人物角色。

4．转体图阶段

　　如果动画中涉及多个角度的角色造型，我们要在确定动画角色后，根据正视图画出角色的多个角度转体图。在 MG 动画中，转体角度一般包括 90°、45° 等，根据画面要求也可以画出其他角度的转体图。在绘制转体图的过程中，要注意角色各体块之间的组合关系，考虑基本表情、服饰等细节变化，尽可能地做到角色造型一致，转体完整，如图 5-67 所示。

图 5-66　老人与小孩　　　　　　　　　　　　　图 5-67　转体图

转体图绘制方法如下。

● 45° 转体

① 把左半侧被身体挡住的部分图层移到躯干或头图层之下，如辫子、左臂、左手、左耳等。再对具体形状进行调整。

② 五官、装饰物等位于图像正中间的图层，可以全部移动到一侧，同时注意形状朝向问题。

③ 可适当加深相对较远一侧身体的部分图层颜色，如左脚鞋子等。

效果如图 5-68 所示。

● 90° 转体

① 被躯干挡住一侧的图层可以全部删除，如左臂、左手、左耳、左眼等，再对具体形状进行调整。

② 着重对右侧头发进行调整。

③ 相对远一侧的部分图层可以露出一点，并进行适当的加深，使图片更有纵深感。如相对于近一侧的辫子，远处辫子的颜色可以适当加深。

效果如图 5-69 所示。

图 5-68　45° 转体图　　　　　　　　　　　　图 5-69　90° 转体图

● 背部转体

① 把五官删掉的同时，把脸填充为头发的颜色，作为后脑勺。

② 辫子图层移动到最上层，删除扣子等正面装饰物。

具体调整如图 5-70 所示。

转体图的绘制要根据实际画面应用而定，不需要画出每一个角色的每一个角度的转体图，并且有些转体动作我们后期可以在 After Effects 中直接设置。更多转体图绘制如图 5-71 所示。

图 5-70　背部转体图　　　　　　　　　　图 5-71　转体图

5.2.3　角色面部绘制流程

面部绘制大致分为以下 4 步。

草稿阶段：确定人物面部的大致轮廓，勾画草图，简单描绘出五官的形状及位置。

基本型阶段：利用基本的几何图形，概括出脸型和发型。

塑造阶段：进一步刻画人物五官、发型，可根据设计的人物特点进行适当的夸张处理。

表情阶段：对五官进行细致的处理，塑造出人物的表情。

主要流程如图 5-72 所示。

图 5-72　面部绘制的主要流程

面部由脸型（头型）、五官、表情等 3 个方面构成。脸型是载体，五官是手段，不同形态的五官能够体现人物不同的样貌和个性。表情是角色向外界传达内心世界的语言，如果角色没有表情，人物塑造就会显得不完整。表情的设计是面部绘制的重点。

1. 面部设计——脸型

日常生活中常见的脸型有"国字脸""申字脸""鹅蛋脸"等，而我们在为 MG 动画角色设计脸型时，要对这些脸型进行夸张的变形处理，根据角色需要创作出更加稀奇有趣的脸型，如图 5-73 所示。

| 国字脸 | 三角脸 | 圆脸 | 目字脸 |

| 甲字脸 | 申字脸 | 瓜子脸 | 鹅蛋脸 |

图 5-73　夸张设计的脸型

不同类型的人物有着不同的脸型，拿男女举例，通常男性的脸型线条硬朗，稍微带一些棱角能显现出男性的刚毅；而相比之下，女性的脸型就要柔美得多，女性角色通常下颌稍窄，例如"鹅蛋脸""瓜子脸"等。不同的脸型会体现角色的不同性格，因此要合理创作不同的脸型样式以满足各种动画角色类型的需要，如图 5-74 所示。

图 5-74　不同类型的角色脸型

2. 面部设计——五官

我们通常说"相由心生"，观众对特定角色的造型有着特定的印象。例如，在观众心目中正面角色大多是方形大脸、浓眉大眼，一副疾恶如仇的样子。而反面角色大多拥有消瘦的脸型、细长的眼睛、邪恶的眼神。如图 5-75、图 5-76 所示，这些大众认可的角色相貌，完全可以应用到动画角色设计当中，并可以适当加以夸张化处理。

图 5-75　现代京剧《智取威虎山》中杨子荣的造型　　　图 5-76　电影《智取威虎山》中座山雕的造型

- 五官的位置关系

在 MG 动画角色设计中很少采用常规的五官比例，基本都要对五官的造型、位置等进行夸张化处理，才能体现出角色的性格，确保动画角色形象突出，个性鲜明。角色五官位置、比例不同，神态也就不同，可参考 5 种组合关系，分别是标准型、中间紧凑型、下部紧凑型、上部紧凑型和四周扩散型，如图 5-77 所示。

其中标准型属于标准比例的五官位置关系，适合用来表现比较中性的角色；中间紧凑型由于五官向中间靠拢，显得脸很饱满，适合用来表现体态较胖、和蔼可亲的角色；下部紧凑型是脑门面积变大，适合用来表现小朋友一类的角色；上部紧凑型显得脸型较长，适合用来表现成年人的角色；四周扩散型使神态显得十分憨厚，适合用来表现心地善良、淳朴的角色。

标准型　　　中间紧凑型　　　下部紧凑型　　　上部紧凑型　　　四周扩散型

图 5-77　角色五官的位置关系

● 五官的绘制

很多扁平化设计中，对五官都是进行简化处理，用简单的基本型表示。五官绘制的复杂程度，是根据人物整体设计或者是动画的整体风格而定的，当然跟工作量也有很大的关系。不论是简约还是复杂，只要能够准确传达出人物的神态，就可以应用在动画中。

（1）眼睛与眉毛。

眼睛与眉毛经常联系在一起。眼睛是心灵的窗户，眼睛的变化能够表现出角色内心的变化、产生不同的表情。眼睛放大，眼球变小，表情会很惊讶；上眼皮遮住眼睛的一半，会显得角色很疲劳。像这样的处理还有很多。而眉毛起到了配合眼睛的作用，眉毛的角度、粗细、形状也会直接影响角色的神态，有种说法是"眼睛负责情绪的表达，眉毛负责情绪的强化"。眉毛立起时表现出愤怒，而眉毛耷拉时表现出悲伤。两眉之间的距离、眉毛与眼睛之间的距离都对角色的神态有着重要的影响，如图 5-78 所示。

图 5-78　各种各样的眉毛和眼睛

（2）鼻子。

动画中鼻子的造型是很丰富的，可以是三角形、圆形、方形等，甚至可以直接用两个圆点来表示鼻孔。受马戏团小丑的影响，滑稽搞笑的角色一般用圆鼻子表现；小孩的鼻子都很小，并且与眼睛几乎在一条线上；坏人的鼻子一般又长又尖，例如童话中的老巫婆。此外，我们还可以用线条简单地表示一些特殊形状的鼻子。不同的鼻子造型如图 5-79 所示。

图 5-79　各种各样的鼻子

（3）嘴巴。

嘴巴在面部有两个作用。第一，抒发感情，开心的角色会咧着嘴笑，愤怒的角色会咬牙切齿，所以嘴巴的造型变化能够轻松地表达出角色的心情变化。第二，表现说话的嘴型，人在说话时，嘴型是变化的，我们也会在之后的教程中向大家介绍如何制作人物说话时的嘴型动画。嘴巴的绘制也要兼顾牙齿的绘制，对牙齿要进行整体的塑造，不能逐一刻画，因为要考虑协调整体与局部的关系。当然嘴里也可以什么都不画，能用简约的造型体现出人物心情是最好不过的了。各种各样的嘴巴造型如图 5-80 所示。

（4）耳朵。

耳朵通常会被头发遮盖住，是最容易被忽视的五官。对于动画角色本身来说，耳朵不具备太多表达情绪的功能。在绘制时可以直接利用圆形、椭圆形、圆角矩形等几何图形简单变形来表示，也可以运用线面结合的方式，在外形的基础上，表现耳朵上的纹路。另外要注意的是，耳朵可以用比面部稍深的颜色表现出耳朵与脸的前后层次关系，并且两个耳朵的位置也十分重要。各种耳朵造型如图 5-81 所示。

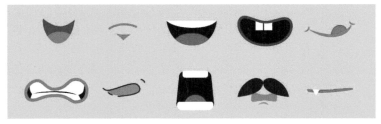

图 5-80　各种各样的嘴巴

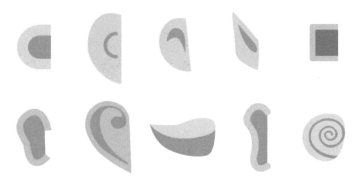

图 5-81　各种各样的耳朵

3．面部设计——表情

表情是人类与生俱来的表达方式，起到了抒发情感的重要作用。通常表情的主要控制部位是眼睛、眉毛和嘴巴，而鼻子和耳朵对表情变化起的作用很小，很多时候甚至会把耳朵、鼻子省略。动画中常见的表情有喜、怒、哀、惊这几种。

● 喜

喜是很常用的表情。根据角色个性和动画内容的不同，有各种各样的笑脸造型。从年龄上来区分，儿童角色的笑都会瞪圆眼睛，眉毛上扬，两颊会有腮红，嘴巴的弯曲幅度很大，有时会歪着嘴巴或露出一两颗牙齿，显得活泼可爱。老年人就显得稳重安详得多了，一般不会开怀大笑，都是眉毛下垂，眯起眼睛，微微露出牙齿或闭着嘴巴，如图 5-82 所示。

图 5-82　各种各样的喜表情

● 怒

怒就是生气。生气时，在保留五官特征的基础上进行大胆的夸张化处理，嘴巴张大，露出尖牙利齿，似乎要把人吞下。这样在表达凶狠愤怒的同时，有时也会给观众带来一种莫名的喜感。一些装饰的小元素会加强愤怒情绪的表达，例如在头部后面加上火焰，表示怒火中烧；气得要爆炸了的时候，就可以在头部两边加上两个小气体等，如图5-83所示。

图 5-83 各种各样的怒表情

● 哀

哀是对悲伤心情的表达，如图5-84所示。哀伤时，人物的眉毛、眼睛、嘴角都会下垂。例如眉毛向下呈八字形，眼睛微微闭合，嘴巴呈一条波浪线或是半圆形弧线，嘴角下撇。流泪是表现悲伤的重要手段，有的是眼睛里饱含热泪，有的是眼角流出几滴眼泪，这些表现方式都能够让整个动画角色更具感染力。

图 5-84 各种各样的哀表情

● 惊

惊是角色表现惊讶或害怕时的表情，如图5-85所示。一般情况下惊讶和害怕的表情是可以通用的，眉毛提高，眼睛睁大，黑色的眼珠缩小，让眼睛与眼珠形成鲜明的对比，有时甚至两个眼睛还会聚在一起。嘴巴张大，露出牙齿或者是舌头，嘴巴常常由半圆形变成圆角矩形。有些时候上下牙齿会紧紧地咬在一起，配合后期动画效果，上下牙齿打战，表现角色恐惧到了极点。

图 5-85 各种各样的惊表情

角色处在不同的环境下，会产生各种各样的表情，也会有更多有趣夸张的设计方法来体现。例如我们常常见到的，一个角色晕倒的时候，眼睛变成两个旋转的圆圈；当表现一个角色好色的时候，会把眼睛变成两个心形，并且满脸通红，咧着嘴巴还流着口水；贪财的时候，眼睛会变成"$"形；生气的时候两眼"冒火"。这些手法都十分贴切地表现出动画角色的表情，能够给观众留下深刻的印象，如图 5-86 所示。

图 5-86　其他表情

其实无论是什么样的表情，都可以将人物表情进行夸张化处理，但要配合角色的肢体动作。通过这些手段表现角色的性格，可以增加整部动画作品的视觉效果。

5.3　场景设计

场景是除角色设计外，前期设计工作中的又一个重要环节。场景是角色活动的环境，"场"指的是动画的场次，是时间概念；"景"指的是景物，包括透视关系、前后层次关系等，是空间概念，这是场景的两个基本特征。场景要根据文案内容进行设定，既要符合内容要求，又要符合角色要求。角色往往与场景产生互动关系，场景是角色表演的舞台，交代剧本地点、时间、环境等要素，可以是建筑、自然景色或抽象空间等。需要注意的是，一旦场景变换，也就意味着转场的发生。

在 MG 动画中，不同场景有着不同的设计风格，一些创意十足的场景与其他二维动画场景有着很大的不同，用到的制作方法和设计技巧也有其独到之处。

5.3.1　场景的设计技巧

1. 构图

构图是指动画镜头的布局，场景的构图决定了角色和其他动画元素在画面中是否和谐。MG 动画场景中常用的构图方式大致有 3 种，分别是平面型构图、透视型构图和中心型构图。

平面型构图：MG 动画中普遍的一种构图方式，在其他二维动画中也有广泛的运用。平面型构图在平行透视的基础上，省略了空间的透视关系，视平线与场景的水平面、纵深面平行，与垂直面成 90°，通过固定的地平线区分出垂直面和平行面，通常在室内被设计为墙面和地面，而在室外则被设计为天空与地面，如图 5-87 所示。

透视型构图：透视型构图完全遵循空间透视关系进行场景塑造，能够完整地在二维画面中体现出三维空间感。由于透视的运用，这类场景构图能够清晰地体现前景、中景和远景的层次关系，使镜头画面更加丰富。为了加强画面的空间感，透视型构图要十分注意近大远小、近实远虚等关系的应用，如图 5-88 所示。

图 5-87　平面型构图，GumGum 宣传动画

图 5-88　透视型构图，《中国古代游戏科普》

中心型构图：中心型构图是 MG 动画中一种十分有创意的构图方式，它的设计重点放在画面中心，镜头画面变得十分简约。场景的塑造在镜头中心位置进行，以简单的纯色图层作为背景，是一种画中画的形式。场景往往以基本型或其他图形作为载体，在 MG 动画、UI 动画中都有所应用，十分简洁明了，如图 5-89 所示。

图 5-89　中心型构图

2. 颜色

我们之前在色彩方案中提到可以利用颜色的特性进行设计，例如轻色与重色可以构造出空间的垂直面和平行面，而前进色和退后色可以表现出前后层次关系。通过颜色的深浅、冷暖、明暗关系，体现出空间的立体感。

在下面的室内场景中，墙壁的黄色与地面的褐色形成了对比，表现出画面中的立体空间感。而为了营造前后空间关系，就要使后面的柱子颜色比前面的柱子颜色深，这就是利用颜色来塑造空间感，如图 5-90 所示。

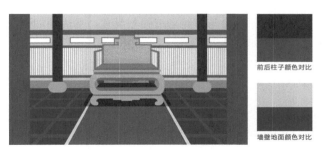

图 5-90　室内场景的颜色对比

而在室外场景中，为了体现出空间的纵深感，远景要使用明度较高的颜色，可以使用同类色进行搭配。而前景的颜色就要使用鲜亮的颜色，并且两者颜色反差要强烈。这样通过前进色和后退色的对比关系，营造出室外空间的层次感，如图 5-91 所示。

3. 虚化

场景中的虚化是由于景深和空气透视而形成的效果。所谓景深，是镜头焦距、光圈及物体距离造成的。一般在动画场景中，背景的虚化可以模拟出镜头的景深效果，突出前景物，体现出空间关系，如图5-92、图5-93所示。

图5-91　室外场景的颜色对比（来源于网络）

图5-92　室内场景的虚化处理，*My Pilot*

图5-93　室外场景的虚化处理，*Source to you*

4. 光影

阴影能够体现空间距离和空间物体位置关系，是打造立体感的重要方式。场景中适当的明暗、阴影处理是产生空间感的一个重要因素。角色脚下的阴影处理会加强角色的立体感，区分出背景与角色的关系，如图5-94所示。

在画面特定的环境下制造灯光效果也是加强空间感的手段之一。MG动画中灯光的设计十分简单，通常将灯光做平面化处理，使用不透明的渐变颜色图层来达到效果。需注意的是，灯光效果取决于画面的颜色基调，深色场景颜色会与灯光形成强烈反差，易达到加强空间感的效果，而浅色的场景颜色表现出的效果就较弱，如图5-95所示。

图5-94　*Source to You* 画面

图5-95　平面化灯光效果

5. 遮挡

遮挡又称作重叠，当我们看到远处的景物时，后面的物体被前面的物体挡住，就形成了一种层次关系。通过遮挡效果，可以区分出景物的前后空间位置。遮挡通常应用于室外场景中，如楼房、山脉等远景，如图 5-96 所示。

图 5-96　遮挡关系效果

TIPS

运用这种效果需要注意以下两点。

① 景物前后位置不同，为了更容易区分，可以在后面的物体上添加阴影效果，体现出前后建筑之间的层次关系，如图 5-97 所示。

图 5-97　遮挡阴影效果

② 塑造山脉楼层等景物时，要注意物体的错落秩序。尽量保持物体有一个较大的高低起伏对比，不要让物体高度保持在一条线上，让物体的高矮有所变化，会使画面变得更加丰富有趣，如图 5-98 所示。

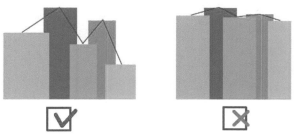

图 5-98　物体错落秩序

6. 比例

合理地调整物体比例也能够塑造空间关系，通常我们所知的近大远小就是最基本的空间关系。相同大小的物体，距离眼睛的远近不同，视觉上大小就会产生变化，产生空间的感觉，这是由人眼的视觉特点所决定的。运用这种原理，我们就可以通过调整物体的大小比例来改变物与物之间的距离，表现出空间层次关系，如图 5-99 所示。

图 5-99　空间中比例关系的运用

5.3.2　室内场景制作流程

案例是一个室内的宫廷场景，为了体现室内空间的大气，加了 4 根柱子来烘托气氛。而陈设道具很简单，只有一把龙椅。这一场景的制作重点在于通过颜色变化和图形的透视关系对场景的空间感进行塑造，并且利用基本型原则对龙椅进行刻画，如图 5-100 所示。

1. 确定基本构图

打开 Photoshop 之后，创建新文件。我们将用简单的几何图形确定场景的基本构图。

使用【矩形工具】▣画两个矩形，一个矩形颜色为（#848484）表示水平地面，另一个矩形颜色为（#b5b5b5）表示垂直的墙面，营造出基本空间感。继续用形状工具创建几何图形，概括出画面中各个物体的轮廓，包括椅子、柱子和地毯等。调整颜色，突出不同位置的物体，例如后面的柱子颜色就要比前面的柱子颜色深。由于透视关系，后面的柱子要比前面的柱子细一些，地毯也要注意近大远小的法则，可以通过图形变换透视操作得到正确的轮廓，如图 5-101 所示。

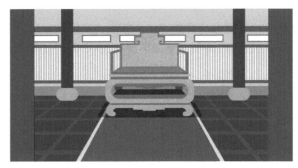

图 5-100　室内宫廷场景

图 5-101　确定基本构图

2. 调整颜色搭配

为所有的灰色图形赋予颜色,采用复古色调,将颜色设置为前柱子(#ce2b2b)、后柱子(#943232)、地毯（#d83d3c）、椅子前方（#feb53f）、椅子后方（#eca83b），如图 5-102 所示。

3. 刻画具体细节

利用形状工具制作柱子底座、地面条纹图形和墙壁图形装饰，然后通过水平居中工具调整装饰物之间的距离，如图 5-103 所示。

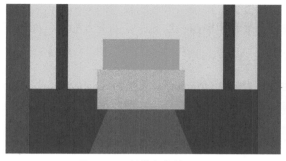

图 5-102　调整颜色搭配

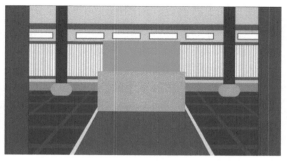

图 5-103　刻画具体细节

4．制作主体道具

整个空间构造完成之后，通过布尔运算和基本型原则制作出场景中的主要道具，最后加上物体阴影，这个室内场景制作就完成了，如图 5-104 所示。

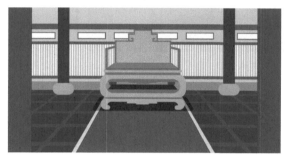

图 5-104　制作主体道具

5.3.3　室外场景制作流程

案例是一个室外的戏台场景，前景和背景区分明显。主体是一座传统的戏台，采用了中国传统的装饰图案。这一场景的制作重点在于前后景物处理时必须要注意对比关系，使画面有层次感，如图 5-105 所示。

1．确定基本构图

打开 Photoshop 之后，创建新文件。首先用简单的几何图形确定场景的基本构图。使用【矩形工具】██，通过矩形区分出地面、围墙、天空的位置，调整比例关系，用不同的灰度表示三者的前后层次关系，营造出基本空间。地面颜色为（#554d4d）、围墙颜色为（#837878）、天空颜色为（#c3c3c3），如图 5-106 所示。

图 5-105　室外的戏台场景

图 5-106　确定基本构图

用形状工具创建几何图形，勾勒各个物体的形状和位置，用不同深浅的颜色区分出戏台各部分的关系。戏台的位置比较靠前，颜色可以稍亮一些。背景利用椭圆绘制出山丘的大致形状，颜色浅一些，表现出深远的距离，如图 5-107 所示。

2．调整颜色搭配

为所有的灰色图形赋予颜色，地面为（#b67c65）、围墙为（#ffcfaa）、天空为（#abf2ff）、远山为（#80dde3）、近山为（#61ced5）、戏台顶部为（#e7660a）、戏台中部为（#ffb172）、戏台底部为（#a1a29d），如图 5-108 所示。

图 5-107　基本空间效果

图 5-108　调整颜色搭配

3．刻画具体细节

利用形状工具进一步刻画戏台的屋顶、围墙上沿的装饰、舞台底部的纹路。在刻画屋顶形状时，要注意分层刻画，利用基本型塑造出每一部分的形状，最后进行拼接。修改背景山丘的形状和颜色，添加模糊效果，使远处的山丘虚化，如图 5-109 所示。

4．添加阴影及其他装饰物

整个空间制作完成之后，对场景中的细节进行进一步的修饰，如添加舞台背景与围墙上的传统图案，同时添加房檐下的灯笼及天空中的白云。最后添加阴影，整个室外场景就完成了，如图 5-110 所示。

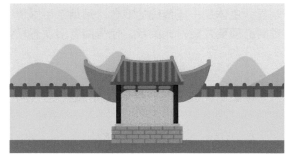

图 5-109　刻画具体细节

图 5-110　添加阴影及其他装饰物

5.4　操作实例

5.4.1　角色实例：橄榄球运动员

- 创建文档

执行【文件→新建】命令，新建文档，命名为"橄榄球"，尺寸为 720 像素 × 720 像素，颜色模式为 RGB 颜色，单击背景内容旁边的方形色块，将背景颜色设置为（#27cfff），如图 5-111 所示。

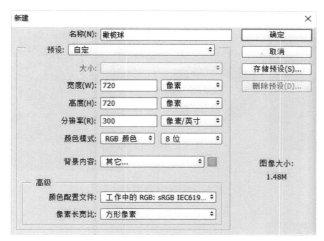

图 5-111　新建文档

● 制作角色头盔部分

① 创建头型。使用【椭圆工具】◯创建圆形，参数如图 5-112 所示，颜色为（#ffbb33）。使用【直接选择工具】▶，稍微拖动路径最下方的锚点，移动到图 5-113 所示的位置。

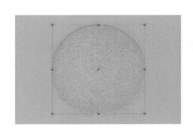

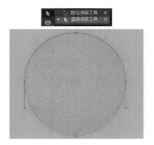

图 5-112　创建圆形

图 5-113　移动路径上的锚点

② 绘制面部形状。使用【圆角矩形工具】▢创建圆角矩形，颜色为（#f4d1b3），其他参数如图5-114所示。

利用布尔运算，在圆角矩形的上层新建一个矩形，将两个图形全部选中，单击鼠标右键选择【减去顶层形状】，得到面部形状，如图 5-115 所示。

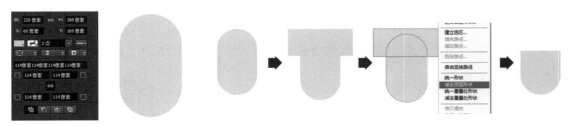

图 5-114　创建圆角矩形

图 5-115　绘制面部

③ 制作头盔装饰图形。使用【椭圆工具】◯和【矩形工具】▢创建一个椭圆形和矩形，填充颜色为（#f0f0f0），描边颜色为（#009944），其他参数如图 5-116 所示。

将椭圆形复制，放在矩形两侧。将这 3 个图形全部选中，单击鼠标右键选择【转换为智能对象】，并将智能对象图层命名为"图案"，如图 5-117 所示。

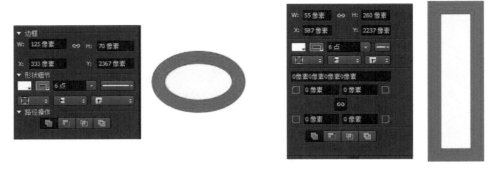

图 5-116　创建椭圆和矩形

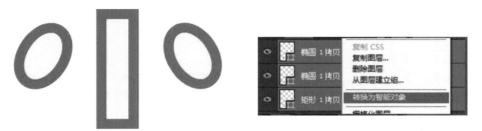

图 5-117　转换为智能对象

将"图案"图层放置于"头型"图层上方，然后将鼠标指针移至两图层中间，按住 <Alt> 键，单击鼠标左键，形成剪贴蒙版，如图 5-118 所示。

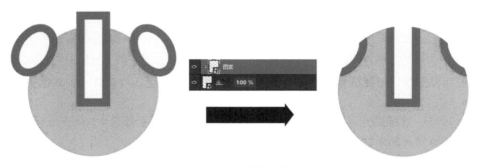

图 5-118　创建剪贴蒙版

最后将得到的形状与之前做过的脸型组合在一起，角色的头盔部分制作完成，如图 5-119 所示。

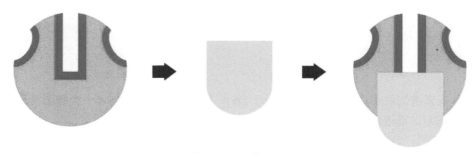

图 5-119　头盔效果

● 制作人物五官

由于后期会在 After Effects 中制作角色眨眼的动画，所以可以把眼睛空出来，先制作角色的鼻子、嘴巴和胡子。使用【圆角矩形工具】■创建 4 个圆角矩形，颜色分别是 a（#ffba7f）、b（#ff9a9a）、c（#f4d1b3）、d（#6a3906），具体参数如图 5-120 所示。

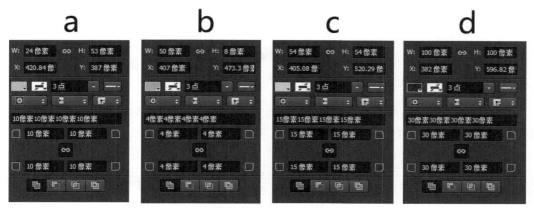

图 5-120　创建圆角矩形

将各个圆角矩形拼接组合在一起，添加到面部形状上，如图 5-121 所示。

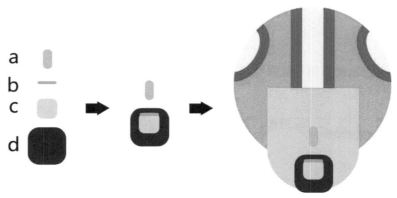

图 5-121　拼接五官

● 制作面罩

① 使用【圆角矩形工具】■创建圆角矩形，无填充，描边大小设置为 4 点，颜色为（#4b4b4b）。将圆角属性中间的【链接】按钮■取消按下，分别设置 4 个圆角的半径数值，如图 5-122 所示。

图 5-122　设置圆角半径数值

使用【删除锚点工具】 ，删除掉底部的两个锚点，通过操纵手柄将底边调整为一条流畅的圆弧，如图 5-123 所示。

图 5-123 删除锚点

使用【移动工具】 ，单击鼠标右键，从弹出的菜单中选择【变形】，拖动上方的操纵手柄，调整曲线弯度，如图 5-124 所示。

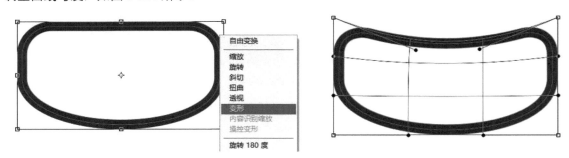

图 5-124 【变形】效果

同理，再次单击鼠标右键，从弹出的菜单中选择【透视】，将图形向中间收缩，形成上宽下窄的效果，如图 5-125 所示。

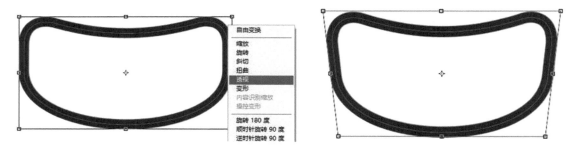

图 5-125 【透视】效果

复制此图形，并缩小为合适的大小，使用【直接选择工具】 ，选择最上方的两个锚点，按<Backspace> 键删除掉这两点，得到图 5-126 所示的形状。

图 5-126 删除锚点

使用【钢笔工具】 制作其他线条，最后拼接组合为完整的面罩形状，如图 5-127 所示。

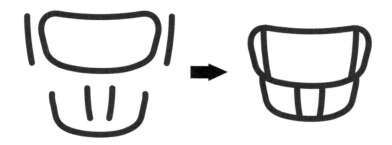

图 5-127　面罩形状

使用【椭圆工具】 和【圆角矩形工具】 制作面罩其他的零件，颜色分别是（#c4c4c4）、（#f0f0f0）、（#7d7d7d），如图 5-128 所示。

图 5-128　面罩其他零件

② 调整图层顺序，将所有面罩部件与头盔组装在一起，整个头部就制作完成了。将头部的全部文件选中，单击鼠标右键选择【转换为智能对象】，并将智能对象图层命名为"头"，如图 5-129 所示。

图 5-129　头部图形

● 绘制躯干部分

① 使用【钢笔工具】 ，添加 3 个点绘制出一个三角形，参数设置如图 5-130 所示，填充颜色为（#ffd9bb），描边颜色为（#ffbb33）。

使用【矩形工具】 ，新建矩形，尺寸如图 5-131 所示，颜色为（#008133）。然后使用【移动工具】 ，单击鼠标右键选择【透视】，调整形状为梯形，最后加上数字。

77

图 5-130　绘制三角形

图 5-131　绘制梯形

将三角形通过创建剪贴蒙版的方式加到梯形上，组成上半身的基本形状，如图 5-132 所示。

图 5-132　上半身基本形状

② 使用【圆角矩形工具】 ▣ 创建圆角矩形，参数如图 5-133 所示，颜色为（#ffbb33），与上半身组装，整个躯干部分绘制完成。将躯干的全部文件选中，单击鼠标右键选择【转换为智能对象】，将图层命名为"躯干"。

图 5-133　躯干部分

- 绘制手臂部分

① 使用【椭圆工具】 ◯ 绘制圆形形状，颜色为（#008133），尺寸如图 5-134 所示。该圆形将作为角色的肩膀。

使用【矩形工具】 ▣ 绘制矩形形状，填充颜色为（#f0f0f0），描边颜色为（#ffbb33），尺寸大小如图 5-135 所示，绘制出橙色的矩形条纹。

图 5-134　绘制圆形　　　　　　　　　　　　图 5-135　绘制矩形

将矩形条纹通过创建剪贴蒙版的方式加到圆形上，肩膀部分绘制完成。将肩膀的全部文件选中，单击鼠标右键选择【转换为智能对象】，将智能对象图层命名为"左肩膀"，如图 5-136 所示。

图 5-136　左肩膀形状

复制"左肩膀"图层，命名为"右肩膀"，调整角度，将两边肩膀与躯干组合，如图 5-137 所示。

② 使用【钢笔工具】 ✐ 绘制线条，参数设置如图 5-138 所示，描边颜色为（#ffd9bb）。

创建线条作为手臂，并复制为两层，命名为"左臂"和"右臂"。使用【转换点工具】，调整手臂的长度和弯曲度，与躯干组合，如图 5-139 所示。

图 5-137　将左右肩膀与躯干组合

图 5-138　绘制线条

图 5-139　绘制手臂

- 制作腿脚部分

使用【矩形工具】■制作腿和袜子的形状，参数如图 5-140 所示，腿与袜子颜色分别为（#ffbb33）、（#008133）。

图 5-140　制作腿和袜子的形状

使用【圆角矩形工具】■制作一个圆角矩形，参数如图 5-141 所示，颜色为（#2f2f2f）。

图 5-141　制作圆角矩形

利用布尔运算，在圆角矩形的上层新建一个矩形。将两个图形全部选中，使用【路径选择工具】，单击鼠标右键选择【减去顶层形状】，得到鞋子的形状，如图 5-142 所示。

将 3 个形状组装在一起，然后将腿脚的全部文件选中，单击鼠标右键选择【转换为智能对象】，将智能对象图层命名为"左腿"。然后再将其复制一层，命名为"右腿"，如图 5-143 所示。

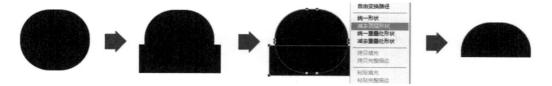

图 5-142　鞋子形状

- 组合左右组件

将所有组件拼装组合，整个人物的前期设计工作就完成了，整体造型及图层顺序如图 5-144 所示。

图 5-143　腿部形状　　　　　　　　　图 5-144　角色整体造型

- 制作橄榄球

① 使用【椭圆工具】■新建椭圆形，参数如图 5-145 所示，颜色为（#ff770a）。

图 5-145　新建椭圆形

使用【转换点工具】■，拖动操纵手柄，调整橄榄球两端角度大小，得到图 5-146 所示的形状。

图 5-146　调整橄榄球角度

使用【矩形工具】■新建两条白色矩形条纹，并将两个图层转换为智能对象，将矩形条纹通过创建剪贴蒙版的方式加到椭圆形上，如图5-147所示。

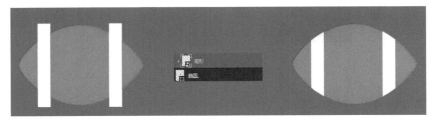

图5-147　添加条纹

使用【圆角矩形工具】■制作橄榄球中间的白色缝合线，底色为（#ff610c），如图5-148所示。

图5-148　制作缝合线

将缝合线与橄榄球主体拼合组装，这样橄榄球就制作完成了，如图5-149所示。

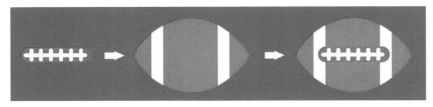

图5-149　橄榄球整体效果

② 将橄榄球所有图层选中，转换为智能对象，命名为"橄榄球"，并将该图层放在与人物同一个文件中，如图5-150所示。

图5-150　最终效果

这样，橄榄球运动员的平面制作部分就全部完成了。我们将在第6章的内容中教大家如何在After Effects中给该角色添加动画。

5.4.2 场景实例：户外场景

执行【文件→新建】命令，建立图 5-151 所示的文档。

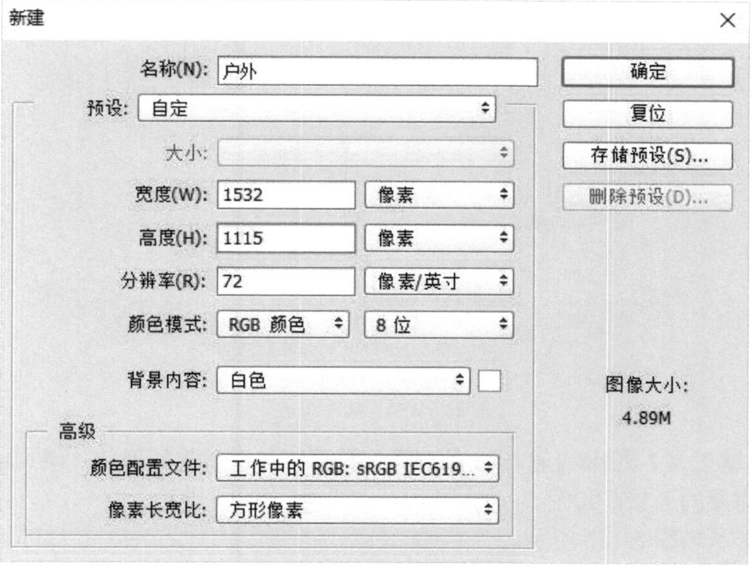

图 5-151　新建文档

- ● 确定基本构图及颜色搭配

① 使用【矩形工具】■ 和【椭圆工具】◯，通过简单的几何图形确定构图，营造出基本空间。根据建筑位置区分出一号房子、二号房子、三号房子、四号房子，由于五号和六号房子是重叠在一起的整体，所以可以统一命名为五号和六号房子。用不同的灰度确定各建筑之间的前后位置关系，颜色依次为（#686868）、（#9a9a9a）、（#868686）、（#9a9a9a）、（#868686）。太阳颜色为（#686868），前面草丛为（#565656），如图 5-152、图 5-153 所示。

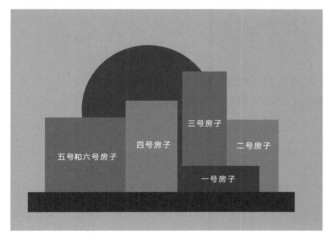

图 5-152　确定构图

图 5-153　图层命名

② 为所有的灰色图形赋予颜色，背景为（#9bdee4）、草丛为（#ffa510）、一号房子为（#ffcb44）、二号房子为（#edfcff）、三号房子为（#fdf0bb）、四号房子为（#edfcff）、五号和六号房子为（#fdf0bb），如图 5-154 所示。

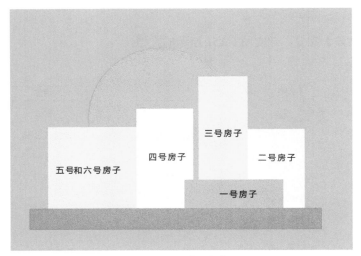

图 5-154　赋予颜色

③ 使用【钢笔工具】 和【直接选择工具】 调整各个建筑的形状，增加或减少锚点，将规则的图形调整至需要的形状，如图 5-155 所示。

建筑的大致形状如图 5-156 所示。

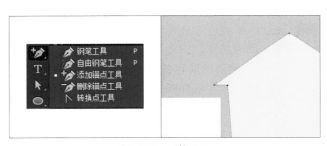

图 5-155　调整形状

图 5-156　建筑的大致形状

● 绘制植物

① 使用【椭圆工具】 绘制椭圆形，其颜色为（#ffa600），充当画面中的矮草丛。并使用【添加锚点工具】 ，给椭圆形添加锚点。调整锚点位置，让其呈现出不规则的、锯齿状的边缘，如图 5-157 所示。

图 5-157　绘制矮草丛

按照同样的方法绘制其他的矮草丛，再绘制高草丛，如图 5-158 所示。

使用【椭圆工具】 绘制椭圆形，颜色为（#febb41），充当前景草丛。使用【直接选择工具】 调整锚点位置，得到图 5-159 所示的草丛形状。3 种草丛绘制完成的效果如图 5-160 所示。

图 5-158　矮草丛和高草丛

图 5-159　前景草丛

② 建立草丛选区。将所有的前景草丛图层选中，单击鼠标右键，在弹出的菜单中选择【合并形状】，将其合并成一个形状，如图 5-161 所示。

展开路径面板，使用【直接选择工具】 ▷选中形状路径，单击鼠标右键，从弹出的菜单中选择【建立选区】，如图 5-162 所示。弹出的【建立选区】对话框里的参数如图 5-163 所示，单击【确定】按钮。

图 5-160　草丛绘制实线的效果

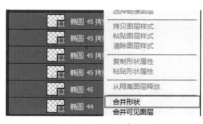

图 5-161　合并形状

图 5-162　路径菜单

图 5-163　建立选区

这样前景草丛就形成了一个选区，我们就可以在这个选区中绘制草丛的纹理，如图 5-164 所示。

③ 为草丛添加纹理。使用【画笔工具】 ✐中的点状笔刷，颜色为（#968977），将笔刷调整为合适大小，如图 5-165 所示。

图 5-164　选区效果　　　　　　　　　　　　图 5-165　选择笔刷

在前景草丛之上新建一个空白图层。在空白图层上，沿着选区边缘绘制草丛的纹理，效果如图 5-166 所示。

使用同样的方法绘制出其他草丛的纹理，效果如图 5-167 所示。

图 5-166　绘制前景草丛的纹理　　　　　　　　　图 5-167　绘制其他草丛纹理

● 绘制公路

① 使用【矩形工具】■绘制矩形，颜色为（#968977）。使用【直接选择工具】▶调整两侧锚点，使公路呈现透视效果，如图 5-168 所示。

图 5-168　绘制公路

使用【钢笔工具】绘制两侧交通线，描边颜色为（#fff1bb），宽度设置为 3 点，如图 5-169 所示。

图 5-169　绘制两侧交通线

使用【钢笔工具】，在上方的属性栏中将【描边选项】设置为虚线，绘制中间交通线，如图 5-170 所示。

图 5-170　绘制中间交通线

② 利用同样的方法，使用【钢笔工具】绘制分叉植物作为点缀，颜色为（#ffbc3e），如图 5-171 所示。

图 5-171　绘制分叉植物

● 绘制一号房子

① 使用【矩形工具】▢绘制房顶、房檐、阴影、墙面、屋门，颜色依次为（#ffcc3c）、（#756b5d）、（#e9c65f）、（#ffffff）、（#968977），如图 5-172 所示。

② 绘制门头。使用【圆角矩形工具】▢绘制一号房子的门头，填充颜色为（#746a5c），描边颜色为（#fecc19），描边宽度为 0.5。并使用【横排文字工具】T选择适当字体，绘制出门头内的文字，颜色为（#fef0bb），如图 5-173 所示。

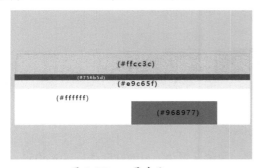

图 5-172　一号房子

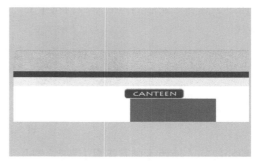

图 5-173　绘制门头

使用【矩形工具】▢绘制房顶上的矩形花纹，颜色设置为（#fff1bb），如图 5-174 所示。

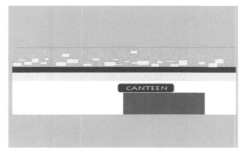

图 5-174　绘制房顶花纹

③ 添加小物件，丰富画面。绘制小猫，使用【圆角矩形工具】 ▢ 和【椭圆工具】 ◯ 绘制出小猫的大致形状，再使用【钢笔工具】 ✎ 绘制小猫的尾巴和耳朵，将其颜色填充为（#ffffff），如图 5-175 所示。

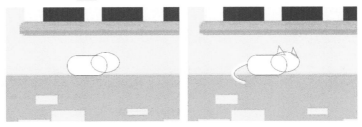

图 5-175　绘制小猫

绘制花盆。使用【矩形工具】 ▢ ，按住 <Shift> 键的同时拖动鼠标，建立一个正方形，颜色设置为（#968977）。使用【移动工具】 ▸⊹ ，单击鼠标右键，选择【透视】，将正方形调整为一个上宽下窄的花盆形状，如图 5-176 所示。

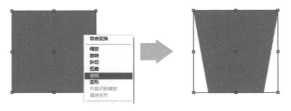

图 5-176　绘制花盆

继续使用【矩形工具】 ▢ 新建两个矩形，表现花盆的暗面，颜色为（#756b5d）。将两个暗面图层通过创建剪贴蒙版的方式添加到花盆上，得到图 5-177 所示的效果。

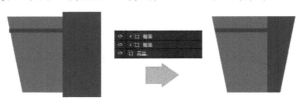

图 5-177　绘制暗面

绘制植物。使用【椭圆工具】 ◯ 绘制几个椭圆形，颜色设置为（#ffa600）和（#ffcd05），将其放置在花盆图层下方，整个盆栽就绘制完成了，如图 5-178 所示。

利用同样的方法绘制出另一盆盆栽，如图 5-179 所示。

图 5-178　盆栽成品

图 5-179　绘制另一盆盆栽

一号房子最终效果如图 5-180 所示。

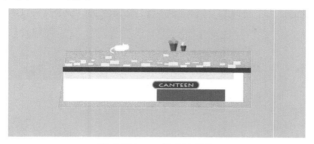

图 5-180　一号房子成品

● 绘制二号房子

① 使用【矩形工具】█绘制侧面阴影、房顶、房顶花纹。侧面阴影颜色为（#e9c65f），图层不透明度为 65%。房顶及其花纹的颜色分别为（#968977）、（#756b5d），如图 5-181 所示。

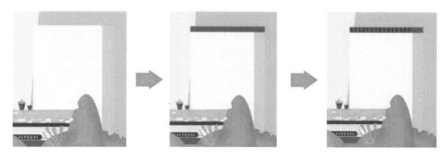

图 5-181　绘制二号房子

② 绘制房顶储水器。使用【矩形工具】█绘制储水器主体，其颜色为（#ffcd05）；主体阴影颜色为（#e9c65f），不透明度为 42%。使用【钢笔工具】▟绘制储水器顶盖，其颜色为（#968977）；顶盖阴影颜色为（#756b5d）。最后为储水器添加横条纹，颜色为（#e9c65f），如图 5-182 所示。

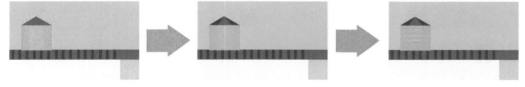

图 5-182　绘制储水器

使用同样的方法绘制天线，颜色为（#756b5d），如图 5-183 所示。

③ 绘制二号房子的窗户。使用【矩形工具】█和【直接选择工具】▸，绘制窗户的外框、内框和上下沿，颜色为（#968977）、（#eefeff）、（#756b5d），如图 5-184 所示。

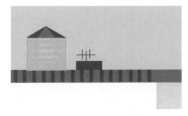

图 5-183　绘制天线

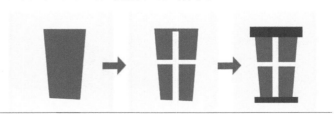

图 5-184　绘制窗户

将窗户复制出多个副本，按顺序排列，如图 5-185 所示。

使用同样的方法绘制通风口，通风口上沿与通风口的颜色为（#968977）、（#756b5d），如图 5-186 所示。

图 5-185　复制窗户

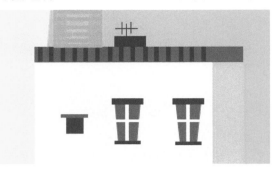

图 5-186　绘制通风口

使用【矩形工具】▢绘制大窗户。大窗户主体颜色为（#968977），窗檐颜色为（#756b5d），橙色灯光颜色为（#e9c65f），深色窗户颜色为（#756b5d），窗口的人颜色为（#968977），如图 5-187 所示。

④ 绘制二号房子排气扇。使用【椭圆工具】◯，在房子左上角绘制一个圆形，将其作为排气扇主体，颜色为（#968977）。再绘制 4 个圆形，放置在排气扇主体形状上作为排气孔，颜色为（#756b5d）。继续新建大小不一的若干个圆形，颜色为（#ffffff），不透明度为 61%，互相叠加，形成烟雾，如图 5-188 所示。

复制一组排气扇至右下角，如图 5-189 所示。

图 5-187　绘制大窗户

图 5-188　绘制排气扇

图 5-189　复制排气扇

● 绘制三号房子

① 使用【钢笔工具】✐和【矩形工具】▢绘制屋顶、屋顶阴影及屋檐下的反光，颜色分别为（#968977）、（#756b5d）、（#ffcd05），如图 5-190 所示。

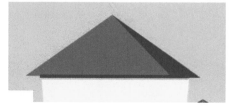

图 5-190　绘制屋顶

② 使用与前面同样的方法为三号房子绘制窗户，颜色与二号房子的窗户颜色相同，如图 5-191 所示。

③ 绘制阳台。使用【矩形工具】■绘制阳台的轮廓。使用【直线工具】/绘制竖排的栏杆，注意粗细变化。它们的描边颜色为（#756b5d）、宽度为 0.5，如图 5-192 所示。

图 5-191　绘制窗户

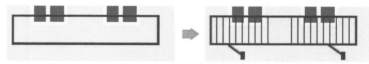

图 5-192　绘制阳台

将阳台复制一层，放置在合适的位置，最终效果如图 5-193 所示。

④ 添加生活物件，以毛巾为例。使用【矩形工具】■绘制出毛巾的亮暗面，并调整锚点改变其形状。亮面的颜色为（#ffcd05），暗面的颜色为（#ffa600），如图 5-194 所示。

图 5-193　复制阳台

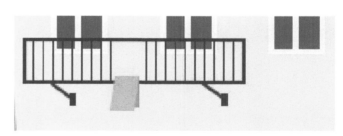

图 5-194　绘制毛巾

使用【钢笔工具】✒绘制阳台阴影，颜色为（#f3d988），如图 5-195 所示。

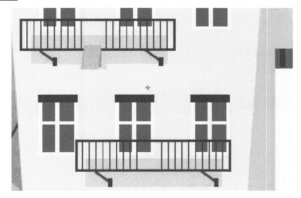

图 5-195　添加阳台阴影

⑤ 绘制带棚的窗户。先使用【圆角矩形工具】▢绘制窗子主体，颜色为（#eefeff）。再使用【矩形工具】▣绘制多个小窗口，颜色为（#756b5d），如图 5-196 所示。

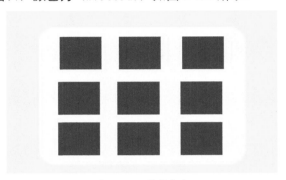

图 5-196　绘制窗户

绘制窗户布棚。使用【矩形工具】▣绘制布棚，颜色为（#968977）。使用【圆角矩形工具】▢绘制窗台，颜色为（#ffcd05）。使用【钢笔工具】✐绘制棚檐及布棚花纹，颜色为（#ffcd05）。按照同样的方法绘制布棚阴影和支撑脚，颜色为（#ebdc9f）、（#968977），如图 5-197 所示。

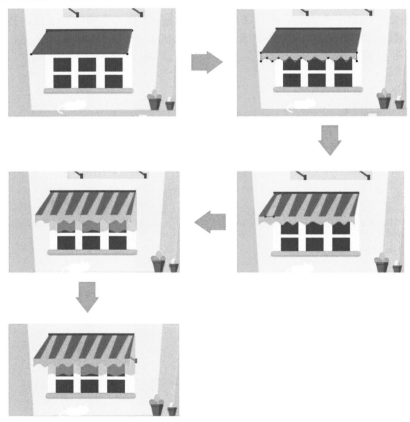

图 5-197　布棚绘制流程

- 绘制四号房子

① 使用【矩形工具】▣绘制房子侧面阴影，颜色为（#ead68d），如图 5-198 所示。

绘制房檐及花纹，主色为（#968977），搭配使用颜色（#ffcd05），使画面色彩更丰富，如图 5-199 所示。

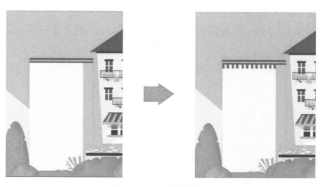

图 5-198　绘制侧面阴影

图 5-199　绘制房檐

② 绘制房顶旗子。使用【矩形工具】绘制一个矩形旗面，颜色为（#eefeff）。双击矩形，在上方的属性栏中，单击【变形】按钮🏽，调整操纵手柄的弧度，如图 5-200 所示。

图 5-200　旗面变形

将旗面复制一层，使用【直接选择工具】📐调整锚点，将颜色设置为（#ebdc9d），绘制旗子的暗面，如图 5-201 所示。

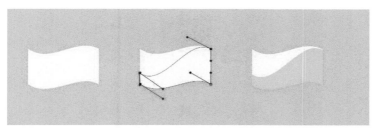

图 5-201　绘制暗面

最后添加旗杆的形状，颜色为（#968977），如图 5-202 所示。

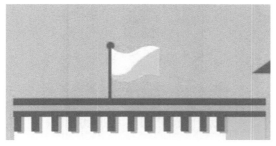

图 5-202　添加旗杆

③ 运用前面提到的窗户绘制及配色方法，绘制四号房子的窗户。其中亮灯的窗户底色为（#e8c560），并添加人影使画面更加丰富，如图 5-203 所示。

图 5-203　绘制窗户

④ 绘制门面。使用【矩形工具】■绘制门面主要形状，大门的颜色为（#756b5d），门上的窗户颜色为（#e9c65f）。使用【钢笔工具】✎绘制布棚，颜色为（#ffcd05）。使用【钢笔工具】✎绘制门框，要注意留出缝隙，颜色为（#eefeff），如图 5-204 所示。

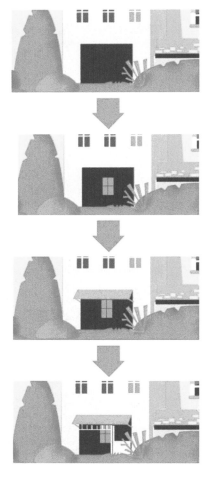

图 5-204　绘制门面

⑤ 绘制栅栏及路灯。使用【圆角矩形工具】 ■ 绘制栅栏边框,无填充,描边颜色为(#756b5d),宽度为1。然后使用【钢笔工具】 ✐ 绘制栅栏细节,颜色和描边宽度不变。最后绘制路灯,颜色为(#756b5d)、(#ffffff),如图 5-205 所示。

图 5-205　绘制栅栏及路灯

● 绘制五号和六号房子

① 运用同样的方法绘制五号和六号房子的屋顶、屋顶阴影、房子侧面阴影。注意透视遮挡关系,颜色分别为(#ffdf61)、(#ffcd05)、(#e9c65f),如图 5-206 所示。

② 使用【矩形工具】 ■ 绘制窗户,窗框颜色为(#eefeff),玻璃颜色为(#756b5d)。使用【圆角矩形工具】 ■ 绘制窗户合页及屋顶小窗,颜色搭配参考房子的整体色系,如图 5-207 所示。

图 5-206　绘制房子

图 5-207　绘制窗户

运用同样的方法绘制空调,配色同窗户一致,注意细节的穿插,如图 5-208 所示。

③ 使用【矩形工具】 ■ 绘制房顶花纹,颜色为(#ffcd05),如图 5-209 所示。

图 5-208　绘制空调

图 5-209　绘制房顶花纹

④ 绘制房子小物件。使用【矩形工具】 ■ 绘制栏杆及天线,颜色为(#756b5d)。复制图 5-205 中绘制好的灯组,在五号和六号房子上各放置一盏灯,如图 5-210 所示。

⑤ 使用【圆角矩形工具】▣绘制六号房子的大门及门头。内框颜色为（#746a5c），外框颜色为（# fecc19），形状参考图 5-211。使用【横排文字工具】▣选择适当的字体，文字内容为"HI"，颜色为（#fef0bb）。

图 5-210　绘制房子小物件

图 5-211　绘制后门及门头

⑥ 运用前面提到的方法绘制烟囱和烟，效果如图 5-212 所示。

● 绘制电线及背景建筑

① 使用【钢笔工具】✏绘制电线，丰富画面。颜色为（#756b5d），描边宽度设置为 0.5，如图 5-213 所示。

图 5-212　绘制烟囱

图 5-213　绘制电线

② 使用【矩形工具】▣绘制剪影风格建筑群,颜色为（#6ad6de）。复制并合并所有建筑群图层，将合并图层命名为"建筑群"。使用【魔棒工具】✦选择"建筑群"图层中剪影部分，使用绘制植物纹理的方法来绘制剪影的纹理，使画面更丰富，如图 5-214 所示。

● 绘制太阳渐变效果及白云

① 绘制太阳渐变效果。复制"太阳"形状图层，使用【添加锚点工具】⭢更改其形状。在上方的属性栏里更改填充颜色为渐变，由上到下填充渐变颜色为（#ff9711）、（#ffffff），让太阳的颜色显得更加有层次感，如图 5-215 所示。可将前景图层隐藏，方便制作太阳渐变效果。

② 绘制云朵。使用【椭圆工具】⬭和【圆角矩形工具】▣，绘制多个形状并拼绘成云朵状。选中所有形状，单击鼠标右键选择【合并形状】，并将其填充为渐变的白色，颜色为（#ffffff），使云朵由下到上逐渐变得透明，如图 5-216 所示。

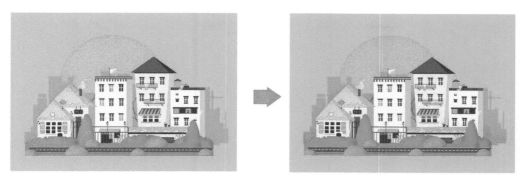

图 5-214　绘制剪影

图 5-215　为太阳填充渐变效果

图 5-216　绘制云朵

③ 检查构图和细节，复制五号房子图组，移动至四号房子和三号房子的后方缝隙处，如图 5-217
所示。

④ 得到最终户外场景的效果，如图 5-218 所示。

图 5-217　复制房子

图 5-218　最终效果

第6章

动画制作

当平面图形部分绘制完成以后，就进入动画制作环节。既然说 MG 动画是会运动的平面图形设计，那么让这些静止的视觉元素运动起来是整个制作流程中非常重要的一个步骤。MG 动画制作包括角色动画、图形动画等，根据前期的分镜头脚本设计，在相应的动画软件中制作完成，这些软件包括但不局限于 After Effects、Cinema 4D 等。在本章中，将以 After Effects 为主要制作软件，介绍动画制作的相关知识。

1. 关键帧

无论采用哪种软件，是利用软件自带的功能，还是借助插件、脚本、表达式，所有的动画效果制作都离不开最基本的一点——关键帧。

什么是关键帧？

前面提到，电影、动画都是基于人类的视觉暂留现象发展起来的艺术，我们的大脑会把一组快速移动的、不同的静态画面误以为是连续的影像。一幅静止的图像称为一帧，帧是动画中最小单位的单幅影像画面。而关键帧则是指角色或者物体运动或变化中的关键动作所处的那一帧。任何动画要表现运动或变化，至少前后要给出两个不同的关键状态，即创建关键帧，而关键帧与关键帧之间的状态变化可以由软件自动创建完成，叫作过渡帧或者中间帧。

如何在 After Effects 中添加关键帧？

（1）在 After Effects 项目面板中单击鼠标右键，选择【导入→文件】，导入准备好的素材文件，如图 6-1 所示。

图 6-1　导入素材

（2）选中"小猪"图层，单击图层左方的三角符号，展开【变换】菜单，里面包含的是图层的基本属性。这些属性前方都带有【时间变化秒表】按钮，代表可以通过调整其参数，添加关键帧，制作动画效果。调整位置参数，将小猪移动到画面最左侧，单击【时间变化秒表】按钮，为该位置添加关键帧，如图 6-2 所示。

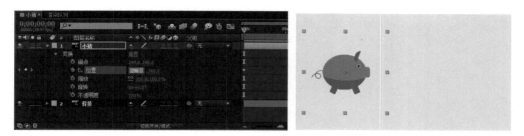

图 6-2　添加关键帧

（3）将时间滑块移动到合适的位置，调整位置参数，将小猪移动到画面最右侧。由于参数发生变化，软件自动在该位置添加一个关键帧，如图 6-3 所示。

图 6-3　添加关键帧

（4）After Effects 将根据添加的关键帧，自动地创建中间的运动轨迹，一个简单的位移动画就做好了，如图 6-4 所示。

图 6-4　位移动画

2. 图表编辑器

要想制作出更加丰富的动画效果，除了学会添加关键帧，还要学会使用图表编辑器。我们可以利用图表编辑器对关键帧进行可视化控制，编辑器中的曲线表示添加的运动效果，而利用曲线上关键点的操纵手柄则可以对运动进行精细的调节。单击时间轴面板中的【图表编辑器】按钮就可以调出该编辑器，如图 6-5 所示。

图 6-5　图表编辑器

3. 关键帧的类型

大千世界中物体的运动方式千差万别，After Effects 提供了多种关键帧，如图 6-6 所示，帮助动画师和动态图形设计师根据不同的运动添加不同类型的关键帧动画，制作出更加丰富的动态效果。

（1）线性关键帧。这种菱形的关键帧是系统默认的关键帧，也是最基本的关键帧，各关键帧之间的变化是匀速的，不存在加速或者减速运动。添加上线性关键帧以后，图表编辑器中的速度线是水平直线，表示此处的运动是匀速运动，如图 6-7 所示。

图 6-6　关键帧类型

图 6-7　线性关键帧

（2）缓动关键帧。按 <F9> 键，可以将线性关键帧转变为缓动关键帧，它将产生缓慢出现并缓慢消失的效果，让运动变得平滑，如图 6-8 所示。

图 6-8　缓动关键帧

（3）缓出关键帧。与上一个关键帧类似，但只是产生缓慢消失的动画效果，可以按 <Ctrl+Shift+ F9> 快捷键，将其转换为缓出关键帧，如图 6-9 所示。

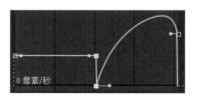

图 6-9　缓出关键帧

（4）缓入关键帧。与缓动关键帧类似，但只是产生缓慢进入的动画效果，可以按 <Shift+F9> 快捷键，将其转换为缓入关键帧，如图 6-10 所示。

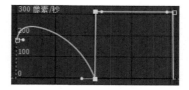

图 6-10　缓入关键帧

（5）圆形关键帧。按 <Ctrl> 键可将线性关键帧转变为圆形关键帧，该关键帧也可以将运动变得平滑可控，和缓动关键帧不同的是，它两端的速度变化是平稳的，如图 6-11 所示。

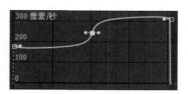

图 6-11　圆形关键帧

（6）定格关键帧。前面的几种关键帧，软件都会为其创建过渡效果，两个关键帧之间的改变是渐变的。而定格关键帧比较特殊，是硬性变化，也就是突变，两个定格关键帧之间没有过渡的动画，当时间滑块移动到第二个关键帧，才会立刻发生改变。定格关键帧经常用在文字变形动画中，可以为文字源添加上关键帧，呈现出文字变换的效果，如图 6-12 所示。

图 6-12　定格关键帧

6.1　基本原理

运动，是 MG 动画的一大特点。动态图形设计师发挥自己的想象力，为视觉元素创建了丰富的动态效果。尽管 MG 动画创作没有任何限制，但是我们依然要遵循一些基本的原理和法则，这些原理都是动画大师们从各自的工作中总结出来的，能帮助我们让视觉元素动得更加好看、更加自然。

6.1.1　匀速运动和非匀速运动

前面提到，为图形添加上基本关键帧以后，After Effects 会在关键帧之间自动创建过渡帧，这时候图形的运动是匀速的。但是在现实生活中，绝对的匀速运动其实并不多见，我们生活的世界存在着拉力、阻力等各种力，这些力相互作用，不断地改变着物体运动的速度，甚至是方向。我们可以利用图表编辑器来调节图形运动的速度，让它们呈现出丰富多彩的运动效果。图 6-13 所示的 3 个小球在相同的时间内，移动了相同的距离，但是它们在运动过程中的速度却并不一样。

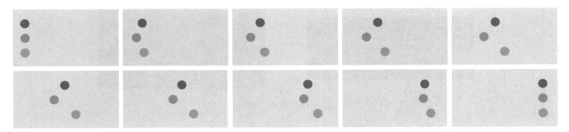

图 6-13　相同时间，相同距离，不同的运动效果

　　图中的红色小球代表的是匀速运动，如图 6-14 所示。在任何相同的时间内，红色小球所通过的路程都是相等的，它的速度曲线是一条水平的直线，速度没有发生任何改变。

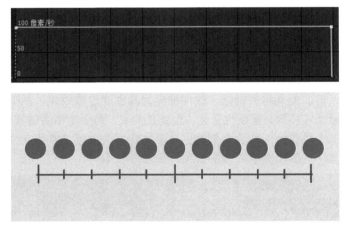

图 6-14　匀速运动

　　蓝色小球起始的速度为 0，在前半程一直落后于其他两个小球。后半程它提升了速度，追赶了上来，和其他两个小球同时到达终点，这是一个加速运动，如图 6-15 所示。而绿色小球则刚刚相反，起始速度最大，然后逐渐放缓，做了一个减速运动，如图 6-16 所示。

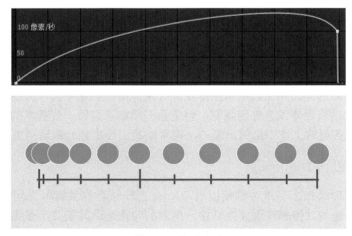

图 6-15　加速运动

　　匀速运动给人一种机械、平稳、单调的感觉，而非匀速运动则呈现出跳跃、变化、灵活的感觉。因此，在制作 MG 动画时，动态图形设计师很少采用匀速运动，通常都会让图形的运动速度有所变化。

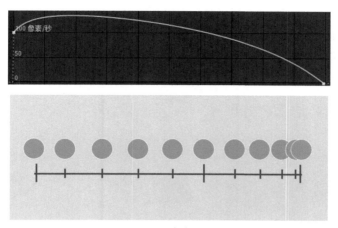

图 6-16　减速运动

6.1.2　缓入缓出

通常物体在运动时，并不是一开始就充满能量直接全速前进。物体的运动一般会经过启动—加速—减速—停止的过程，一个明显的例子就是汽车的前进，如图 6-17 所示。汽车启动的时候会有一个缓缓加速的过程，当需要停下来的时候，也会缓缓地减速，直至速度降低至 0，完全停止下来。在动画中，我们可以选中关键帧，按 <F9> 键，平滑缓动关键帧，调整其速度曲线，模拟制作出我们所需要的运动效果，如图 6-18 所示。

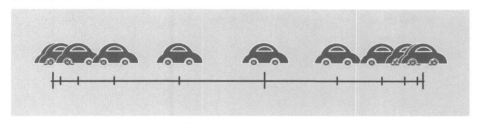

图 6-17　汽车运动过程

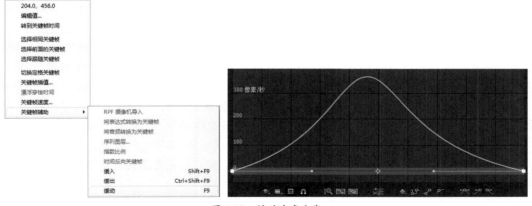

图 6-18　缓动速度曲线

更多的时候，物体缓入缓出的效果不是单纯地靠按 <F9> 键就可以实现的。例如吊灯的摆动，由于惯性，它无法在终点处停住，不断地在终点两侧来回摆动，最终慢慢地摆回终点位置，静止下来，如图 6-19 所示。这个时候我们需要调整的不光是图形的速度曲线，还需要不断地调整它的位置，制作出更加合理可信的运动效果。

图 6-19　吊灯摆动

6.1.3　预备动作

大多数动作发生之前，都有一个小幅度的反向动作，这个动作叫作预备动作。例如，棒球手在投掷棒球之前，都会身体后倾、手臂后甩，通过这样一个预备动作获得更多的能量；紧接着再把手臂往前一挥，将球扔出去，整个过程看起来非常有生气、有力量。

预备动作既可以让动作看上去更加自然、具有冲击力，又能通过这样细微的线索帮助观众明白接下来要发生的事情，感知动作的力道。预备动作的原理来源于迪士尼艺术家弗兰克·托马斯（Frank Thomas）和奥利·约翰斯顿（Ollie Johnston）合著的《迪士尼动画原则》（*The Illusion of Life: Disney Animation*），他们经过不断的观察和研究，最终总结出了 12 条经典的动画法则。预备动作是其中一条重要法则，经常出现在各种角色动作设计之中。

不同于传统的角色动画，MG 动画中的动作大多发生在图形、文字这些视觉元素上。例如图 6-20 所示的电影场记板小图标，需要做一个开合的小动画。如果只是在首尾加上两个关键帧，做出直接闭合的动作，那么动画看起来就会非常平淡，没有什么吸引力。因此，可以在中间多加上一个关键帧，让场记板有一个反方向打开的预备动作，然后再闭合场记板。并且为了让动作呈现出节奏感，可以让前两帧的间距拉开，让动作放缓，缩小后两帧间距，同时调整速度曲线，给动作一个加速度。这样修改后，画面中的场记板缓缓地打开，积蓄能量，突然"砰"地一下，迅速合上，整个过程就会变得更加生动有趣。

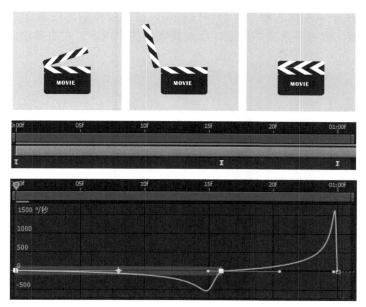

图 6-20 预备动作

6.1.4 挤压和拉伸

当运动的物体改变动作、改变运动方向或者受到诸如碰撞一类的外力时，它的外观形状会产生压扁或者拉长的变化，这个规律叫作挤压与拉伸。例如图 6-21 所示的弹球的挤压和拉伸。

挤压和拉伸作为非常古老而经典的动画运动法则，在传统二维动画中随处可见，经常存在于动画角色的动作中。由于 MG 动画不是靠角色的表演来讲故事，主要是靠图形的变换传达信息，因此，很多的挤压、拉伸，以及其他形变效果都广泛存在于这些图形的运动中。在

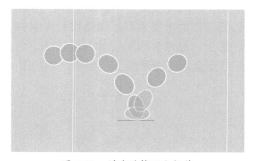

图 6-21 弹球的挤压和拉伸

传统二维动画中，一般不会运动的物体，例如背景建筑、道具、文字等，在 MG 动画里都会被赋予动态，这些动作和形变都不是真实的物理表现，但是能够表现出物体的弹性，让它看上去更加具有吸引力。图 6-22、图 6-23 都是 MG 动画中非常常见的建筑物出现或者生长的动画。直接简单地让房子从无到有，会显得比较生硬，可以适当地给房子加上轻微的形变，让画面更具有视觉上的美感。图 6-22 所示的房子由小变大的过程中，添加了一个向外膨胀的效果，这使得房子好像气球一样被吹大。

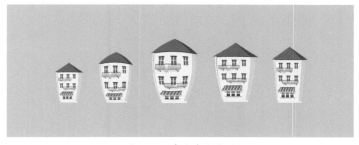

图 6-22 房子膨胀变形

图 6-23 所示的房子从左向右移动入画的过程中，往外拉伸的形变能让人感受到它移动的速度感，当它停下来时，也并不是突然停止，而是在惯性的作用下，左右晃动几下，整个动作具有弹性。

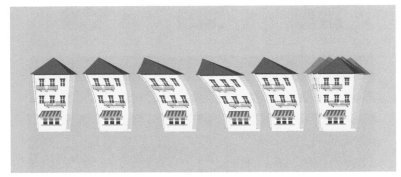

图 6-23　房子弯曲变形

6.1.5　跟随动作和重叠动作

当一个主物体运动时，与之连接的附属物不会和主物体同时开始运动，也不会和主物体在同一时间停止运动。附属物会在主物体的作用之下产生运动，但是它的动作会有所延迟，这种动作叫作跟随动作。例如，一个扎着马尾的女生在跑步的时候，她的头发会跟着头一起甩动，当她突然停了下来，她的头发肯定不会马上停止摆动。动画师们把这个广泛存在于真实世界中的物理现象提炼为动画创作的重要法则，用来帮助大家制作出更加逼真、生动的动画。在提着灯笼向前走的动画中，灯笼上的配件会跟随主体一起移动，但是动作有延迟，如图 6-24 所示。在 MG 动画中，跟随动作还广泛运用于图形的变换当中，例如图 6-25 中让文字产生了一个拟物化的跟随动作。

图 6-24　跟随动作

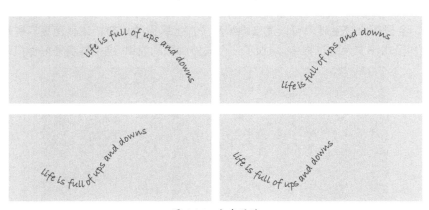

图 6-25　文字跟随

重叠动作则是由于跟随动作,附属物与主物体运动不同步,使主物体在时间上产生了重叠的效果。合理地运用跟随和重叠,能让动作更加真实和具有吸引力。

6.1.6 二级动作

为了让角色或者图形的动作更加有层次感和真实感,通常要为主要动作设计一些辅助动作,即二级动作。图 6-26 所示的路灯倒地是主要动作,随后添加一个灯泡跌落的动作,表现路灯倒地时的撞击力比较大。需要注意的是,二级动作是作为辅助动作出现的,它的出现应该恰到好处,不能太过突出,不然会弱化主要动作。

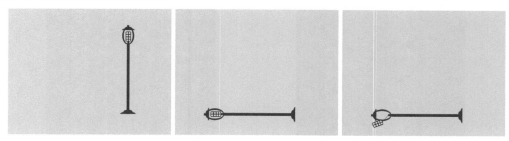

图 6-26 二级动作

6.2 角色动画

在了解和学习了基本原理与动画规律之后,是时候让绘制好的角色动起来了!我们可以采用传统二维动画的方法,通过手绘中间画为角色赋予动态。这能够制作出非常精彩的动画效果,但同样对手绘能力要求非常高,也非常费时和烦琐。而 After Effects 等专业软件则给动画师们提供了另外一种制作思路。我们不需要一帧帧地去添加中间画,只要在平面软件中绘制好角色,导入 After Effects 中,利用一些角色制作工具为素材添加上关键帧,就能够在短时间内制作出一些栩栩如生的动作,非常简单和高效。在这一节中,我们将利用 After Effects 自带的工具和外挂脚本,来介绍如何制作角色动画。

6.2.1 Duik 角色绑定动画

要想让动画角色运动得更加真实,就需要明白绑定(Rigging)和反向动力学(IK)两个重要的概念。然而,我们没有办法只利用 After Effects 自带的工具实现这两个操作,所以是时候介绍 Duik 了。

1. Duik 是什么?

Duik 是一款角色绑定和动画脚本工具,可以让创建动画变得更加简单和快捷,如图 6-27 所示。基本面板包括绑定、自动动画、动画、相机等,重要的工具包含自动绑定工具、IK(反向动力学)、骨骼等。

- 绑定面板

在很多情况下,这个面板里的工具都是必不可少的,例如创建角色动画,尤其是走路、跑步的动作,以及任何形式的机械动画等。我们可以用【创建骨架】工具,单独为角色的某个部位,例如四肢、躯干等创建骨骼。也可以创建一副完整的人体形态的骨骼。然后利用【约束和链接】工具绑定和链接骨骼。最后将绑定好的骨骼匹配到设计好的图形上,这样我们就可以通过调整手或者脚的位置来操控整个肢体,如图 6-28 所示。

图 6-27 Duik 脚本

● 自动动画面板和动画面板

角色绑定完成以后，就需要让它们动起来。自动动画面板里包含了各种各样的动画工具、动力学控制器，如图 6-29 所示。例如【回弹】工具██可以自动设置对象的弹性效果，【摇摆】工具██，能够非常快捷地实现钟表摆动的效果。

图 6-28 绑定面板

图 6-29 自动动画面板

而动画面板则为我们提供了一个非常简洁的界面去管理关键帧和动画曲线，如图 6-30 所示。

● 相机面板

Duik 还提供了多种摄像机工具，例如【摄像机绑定】可以为摄像机自动创建一个用于移动的控制器，更加便捷地操纵摄像机，制作摄像机动画，如图 6-31 所示。

图 6-30 动画面板

图 6-31 相机面板

2．怎么启用 Duik？

第一步，将 Duik 安装在 Adobe After Effects CC\SupportFiles\Scripts\ScriptUIPanels 路径中。

第二步，重启 Adobe After Effects 后，执行【编辑→首选项→常规】命令，在弹出的对话框中，勾选【允许脚本写入文件和访问网络】复选框，如图 6-32 所示，这样 Adobe After Effects 才会执行启用 Duik 脚本。

第三步，执行【窗口→ Duik Bassel.2.jsx】命令，调取 Duik 面板，如图 6-33 所示，就可以使用了。

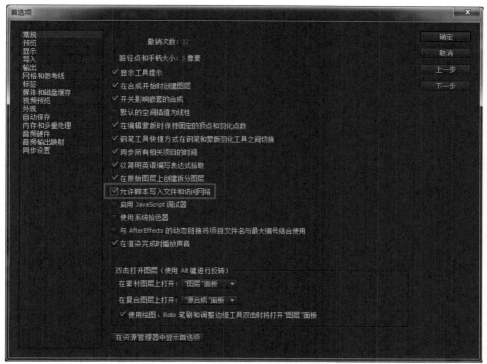

图 6-32 允许脚本写入文件和访问网络

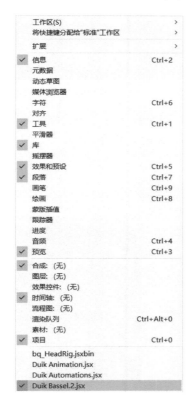

图 6-33 启用 Duik

3. 什么是 IK？

角色动画中的骨骼运动遵循动力学原理，IK（Inverse Kinematic）即反向动力学，是虚拟角色运动控制的一种基本方法。各部分肢体通过关节连接在一起，并按照一定的层次集合而成，根据用户指定肢体末端的位置来计算出虚拟角色的各个关节的旋转角度。例如，当设置手部动画时，IK从下至上驱动，只需要调整好手部的位置，它会带动小臂和大臂的骨骼自动旋转到合适的角度，不再需要为小臂和大臂也创建大量的关键帧，就能完成想要的动态效果，如图 6-34 所示。

图 6-34　IK 动画

4. 实例一：角色行走动画

图 6-35 所示是一个在 Photoshop 当中已经绘制好的人物角色，为了方便操作，身体的各部位都分别绘制在单独的图层上，文件以 PSD 格式储存。在这个例子中，我们将利用 Duik 脚本对其进行绑定，添加一个原地循环行走的动作，让角色走起来！

图 6-35　角色素材

● 导入文件

在项目面板中单击鼠标右键，从弹出的菜单中选择【导入→文件】，导入"行走的小人"PSD文件。在弹出的对话框中，将导入种类设置为合成，如图 6-36 所示。这样该 PSD 文件将以合成的形式导入 After Effects 中，而且每个图层都得以保留，如图 6-37 所示。

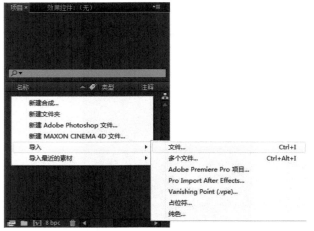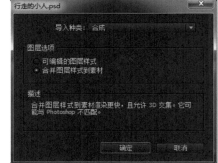

图 6-36　导入文件

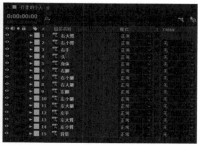

图 6-37 角色分层情况

- 创建骨骼

在 Duik 的绑定面板中单击【创建骨架】按钮，从展开的菜单中，选择【人形态】，软件自动以人的形态创建骨骼。时间轴面板中多了若干层以人体部位命名的参考线图层，如图 6-38 所示。同时在合成窗口中，出现了一副完整的人体骨骼，如图 6-39 所示。

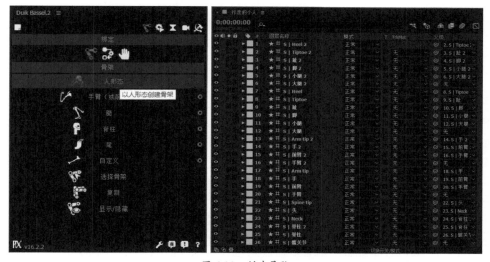

图 6-38 创建骨骼

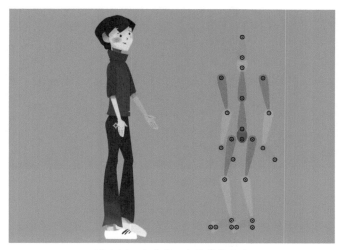

图 6-39 合成窗口中的骨骼显示

这副骨骼对应了人体的关键部位，如图 6-40 所示。在实际制作过程中，我们可以根据角色的具体设定，对骨骼的各个部位进行相应的增减。

- 匹配骨骼

移动人形态骨架的每一个关节点，将其放置在角色对应的位置上，如图 6-41 所示。

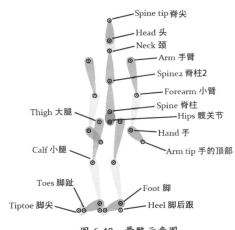

图 6-40　骨骼示意图

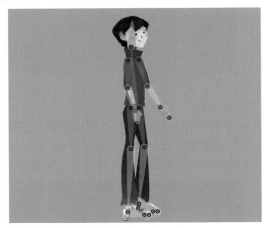

图 6-41　匹配骨骼

- 链接骨骼

虽然此时骨骼在画面中放在了角色对应位置上，但是骨骼和角色本身并没有产生关联。因此，需要将角色的各个部位通过父子级链接到相应的关节上，让骨骼和角色链接在一起。这样为骨骼添加动画以后，就能带动角色一起运动。例如，将角色"头"图层链接在对应的"头"关节的图层上，如图 6-42 所示。

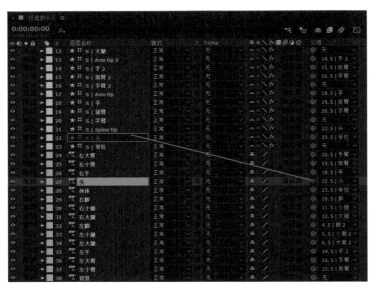

图 6-42　链接骨骼

- 自动化绑定

① 在 Duik 的绑定面板中单击【创建骨架】按钮，从展开的菜单中，选择【选择骨架】，就能选中刚才建立好的所有骨骼，如图 6-43 所示。

图 6-43　选择骨骼

② 在 Duik 的绑定面板中单击【链接和约束】按钮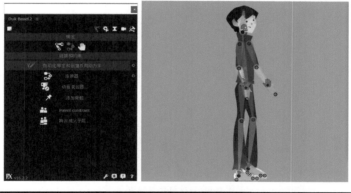，从展开的菜单中，选择【自动化绑定和创建反向动力学】。在合成窗口中，角色的身体上创建了多个红色的控制器，分别对应角色的四肢、脊柱和头部。同时，时间轴面板中多了若干层以"C|"为开头命名的参考线图层，如图 6-44 所示。

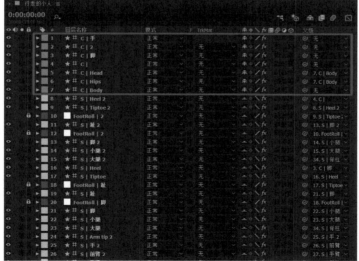

图 6-44　自动化绑定和创建反向动力学

这一步操作不单单是创建了控制器，而且根据反向动力学（IK），完成了骨骼间的自动化绑定。此时，移动手部的控制器可发现整条手臂产生了联动，如图6-45所示。

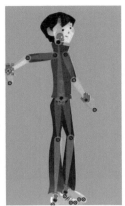

图6-45　移动手部控制器

同样，拖动脊柱的控制器则可以带动身体一起摆动，如图6-46所示。

图6-46　移动脊柱控制器

TIPS

在进行IK骨骼绑定时，有时会出现图6-47所示的情况，肢体朝反方向移动。此时，只需要选中这条腿的控制器图层，打开效果控件面板，在【IK】效果中，将【Reverse】后面的复选框勾选上，关节就朝我们想要的方向移动了。

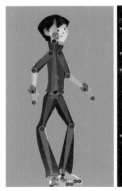

图6-47　调整Reverse参数

完成骨骼自动化绑定以后，我们可以直接通过调整控制器的位置和旋转角度来操纵肢体，并不需要再调整原始图层。因此，可以打开四肢图层的【消隐】开关，然后开启上方的【消隐】总开关，将不涉及的图层隐藏掉，时间轴只保留将来需要添加关键帧的图层，整个界面显得简洁、方便操作，如图 6-48 所示。

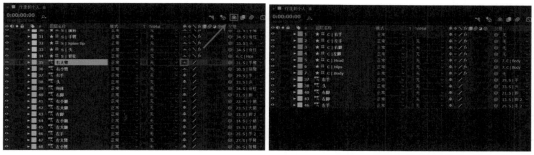

图 6-48　启动【消隐】开关

● 设置行走关键帧

① 创建参考地面。新建一个矩形充当地面，放置在角色的下方，在制作角色行走动画时作为参考，如图 6-49 所示。

图 6-49　创建参考地面

② 添加关键帧。在 00:00:00:00 的位置，打开所有图层的【位置】和【旋转】参数，在合成窗口中通过调整控制器，将角色的肢体摆放到相应的位置，然后单击参数前的【时间变化秒表】按钮，为当前的动作添加关键帧，如图 6-50 所示。此时是整个原地行走动画中的第一帧。

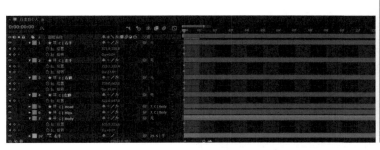

图 6-50　添加第一个关键帧

TIPS

设置好关键帧以后，After Effects 会自动添加上关键帧之间的动画。因此，大概只需要创建 8 组关键帧，就能够让角色迈出两步，完成一个完整的行走动作。到底该间隔多长时间添加关键帧，或者说每一秒内要走几步、设置几个关键帧，这没有统一的标准。但理查德·威廉姆斯在《原动画基础教程》中给出了一些意见：

每秒 6 步——飞快地跑；

每秒 4 步——跑或快走；

每秒 3 步——慢跑或"卡通式"走路；

每秒 2 步——惬意、自然地走路；

……

我们可以根据动画和角色的特点来进行设置，创造出专属的行走节奏。在这个例子当中，我们用 24 帧走完两步，每间隔 3 帧添加一个关键帧，换句话说，每秒设置 8 个关键帧，让角色每秒行走两步，1 秒完成一个行走动作。

③ 按照相同的操作步骤，分别在 00:00:00:03、00:00:00:06、00:00:00:09、00:00:00:12 的位置调整 4 个控制器和"身体"图层的位置、旋转角度等，After Effects 将自动记录下该位置的关键帧（如图 6-51 ～图 6-54 所示）。

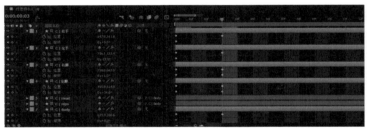

图 6-51　添加第二个关键帧

图 6-52　添加第三个关键帧

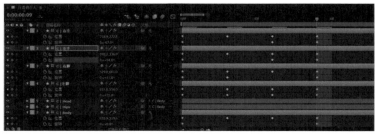

图 6-53　添加第四个关键帧

图 6-54 添加第五个关键帧

图 6-55 更加清晰地展示了这 5 帧的动作变化，尤其是身体，随着抬腿落腿的动作还会有一定的高低起伏。

图 6-55 5 组关键帧动作

④ 前面的 5 组关键帧使角色走完了一步，让位于后方的左腿迈向了身体前侧。要想制作一个完整的、可以循环的行走动作，还需要继续添加 3 帧，让右腿向前迈进，如图 6-56 所示。

图 6-56 8 组关键帧动作

● 细节调整：脚的变形

动作设置完成以后，观察图 6-57 可以发现，尽管角色的脚做了一定的旋转，让其贴近地面，可是依旧显得很不真实。真实的走路过程中，前脚掌着地，脚跟会抬起，且整个脚掌会有一个弯曲的幅度。这种弯曲变形仅靠调整脚的旋转参数是无法实现的，因此，需要用到 After Effects 自带的【操控点工具】 ，如图 6-58 所示。

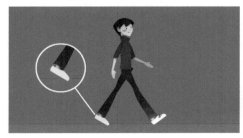

图 6-57 脚的细节　　　　　　　　　　　　　　　　图 6-58 【操控点工具】

使用工具栏中的【操控点工具】 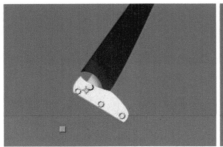，选择"脚"图层，在需要变形的部位单击，建立操控点，然后拖动操控点,让脚产生形变,如图 6-59 所示。观察脚的图层发现,该图层下多出了一个名为【操控】的效果，添加的 4 个操控点也自动地产生了 4 个关键帧，如图 6-60 所示。当脚离开地面需要恢复原貌时,同样拖动操控点,改变脚的形状,此时软件也会自动地记录下这种变化,添加上关键帧。

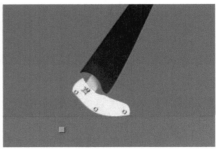

图 6-59　添加操控点

图 6-60　【操控】效果关键帧

- 让动作循环起来

在前面的步骤中，我们一共设置了 8 组关键帧，让角色在 1 秒的时间内行走了两步，这是一个完整的走路动作。如果想让角色一直走下去，就需要设置循环动画。

首先按下【消隐】总开关 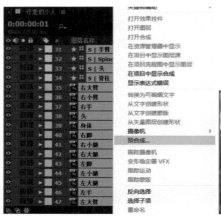，让所有图层可见。选中角色所有图层，单击鼠标右键，在弹出的菜单中选择【预合成】，并命名为"角色"，如图 6-61 所示。这样，角色中所有分散的图层就合并成了一个整体。

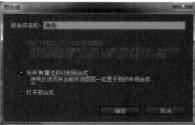

图 6-61　预合成

选中"角色"合成，执行【图层→时间→启用时间重映射】命令，则为该合成添加上了【时间重映射】效果，如图 6-62 所示。

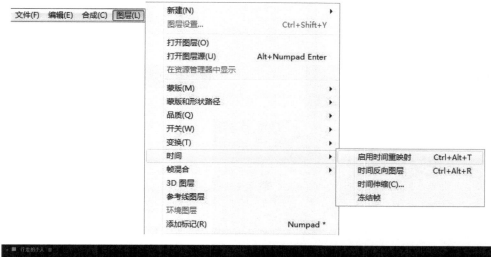

图 6-62　【时间重映射】效果

默认情况下，该合成的首尾各加上了一个关键帧，意味着整个合成的时间都将重置，都将参与循环。可是我们只制作了不到 1 秒的行走动画，合成的后半段都是静止的，只想要让前 1 秒循环起来。因此，可以在第 8 组关键帧（00:00:00:21）后两帧的位置，即 00:00:00:23 的地方，添加一个时间重映射的关键帧，并且将末尾的关键帧删除，如图 6-63 所示。

图 6-63　修改关键帧

按住 <Alt> 键，单击【时间重映射】前方的【时间变化秒表】按钮，打开该效果的表达式选项。从表达式菜单中选择【Property → loopOut(type="cycle"，numKeyframes=0)】，为该合成添加循环表达式，如图 6-64 所示。

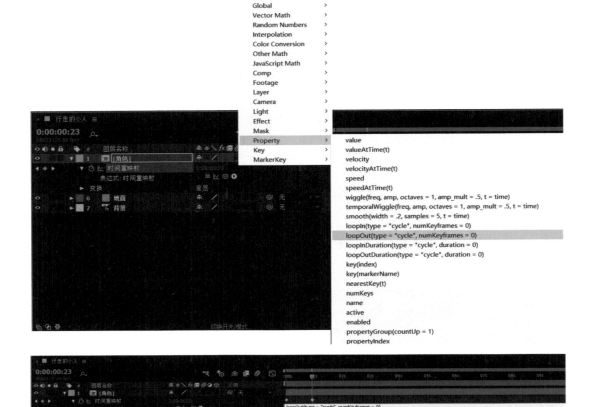

图 6-64 添加循环表达式

这样，一个原地循环的行走动画就制作完成了！最终效果如图 6-65 所示。

图 6-65 最终效果

5．实例二：篮球运动员拍球动画

上个例子中的角色进行了比较细致的分层，借助 Duik 可以方便快捷地进行绑定，让它们活动起来。但有的时候绘制的角色并不一定是完全分层的，例如 MG 动画中有一类很常见的动画角色，它们的四肢是细长的管状，由于肢体的特殊形态，这类角色的动作往往可以很夸张、很戏剧化。Duik 同样可以用来绑定此类动画角色，但是需要借助 After Effects 中自带的【操控点工具】 。下面用一个例子来详细介绍具体的制作方法。

● 准备工作

导入文件。角色的制作可以参考前面橄榄球运动员制作过程自主完成，角色分层如图 6-66 所示。

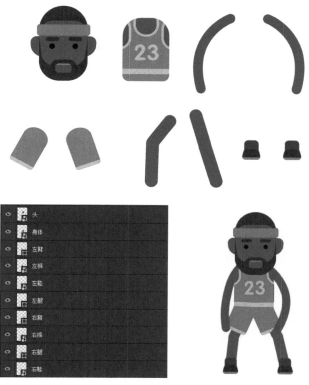

图 6-66　角色分层制作示意图

在项目面板中双击鼠标左键，在弹出的对话框中，将导入种类设置为合成，如图 6-67 所示。

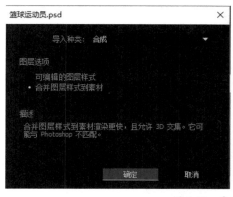

图 6-67　导入文件

● 制作篮球

① 执行【文件→新建→新建项目】命令，新建项目。然后按 <Ctrl+N> 快捷键新建合成，将其命名为"贴图"，参数如图 6-68 所示。

② 使用【椭圆工具】■ 和【钢笔工具】✎，制作一个篮球表面的贴图，如图 6-69 所示。

图 6-68　新建合成

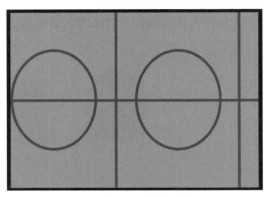

图 6-69　制作贴图

③ 新建一个合成，命名为"篮球"，参数如图 6-70 所示。

④ 将"贴图"合成放置在"篮球"合成中，如图 6-71 所示。

图 6-70　新建合成

图 6-71　放置"贴图"合成

⑤ 为"贴图"合成执行【效果→透视→ CC Sphere】命令，参数设置及效果如图 6-72 所示。

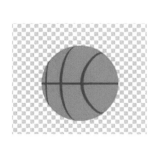

图 6-72　【CC Sphere】效果

在【CC Sphere】效果中，为旋转属性设置两个关键帧，分别在 00:00:00:00 和 00:00:00:02 位置设置参数，如图 6-73 和图 6-74 所示。

图 6-73 设置第 1 个关键帧

图 6-74 设置第 2 个关键帧

最终得到篮球旋转的效果如图 6-75 所示。

图 6-75 旋转效果

- 设置篮球的运动路径

① 执行【视图→显示标尺】命令，将标尺调取出来。然后按住鼠标左键，从标尺处拖出数条参考线，大致确定篮球落地位置及弹起高度，如图 6-76 所示。

图 6-76 创建参考线

② 将"篮球"合成放置在"篮球运动员"合成中。展开"篮球"合成中的位置属性添加关键帧，参数为 00:00:00:00（725,578）、00:00:00:06（956,996）、00:00:00:12（1 180,580）、00:00:00:14（1 180,580）、00:00:00:19（956,996）、00:00:01:00（725,578）。由于软件默认中心点不同可能导致数值差异，请以图中的位置为准。用鼠标左键框选所有关键帧，按 <F9> 键，对关键帧执行柔缓曲线，如图 6-77 所示。

图 6-77 添加位置关键帧

选中位置属性，单击【图表编辑器】按钮，设置篮球位置运动的速度变化，如图 6-78 所示。

图 6-78 展开图表编辑器

拖动操纵手柄，将贝塞尔曲线调整成图 6-79 所示的形状。

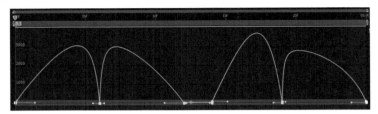

图 6-79 调整贝塞尔曲线

篮球运动路径如图 6-80 所示。

图 6-80 篮球运动路径

③ 设置篮球形变。为"篮球"合成的缩放属性添加关键帧，单击数值前面的【约束比例】开关 将其关闭。参数设置为 00:00:00:04（22.5,22.5%）、00:00:00:06（22.5,19%）、00:00:00:08（22.5,22.5%），然后将前 3 个关键帧复制粘贴到 00:00:00:17 的位置，如图 6-81 所示。

图 6-81 添加缩放关键帧

篮球的最终运动效果如图 6-82 所示。

图 6-82 篮球运动效果

● 使用 Duik 脚本设置人物的动作操控点

① 使用【操纵点工具】 ，在"左臂"图层上单击建立 3 个操控点，并选中这 3 个操控点，如图 6-83 所示。

图 6-83　建立操控点

在 Duik 的绑定面板中单击【链接和约束】按钮，从展开的菜单中选择【添加骨骼】，如图 6-84 所示。

时间轴上自动生成了 3 个操控图层，将 3 个操控图层按照位置顺序，分别命名为"左手""左肘""左肩"，如图 6-85 所示。

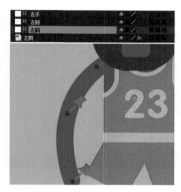

图 6-84　添加骨骼　　　　　　　　　图 6-85　重命名操控图层

② 按照同样的步骤对"右臂"图层进行设置，如图 6-86 所示。

③ 按照同样的步骤对"身体"图层进行设置，如图 6-87 所示。

图 6-86　为"右臂"添加骨骼　　　　图 6-87　为"身体"添加骨骼

● 设置短裤锚点位置

选择"左裤"图层，使用【向后平移（锚点）工具】 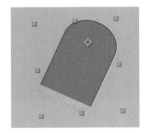 ，将锚点移动到图 6-88 所示的位置。
使用同样的方法对"右裤"图层进行移动锚点的操作，效果如图 6-89 所示。

图 6-88　移动左裤锚点

图 6-89　移动右裤锚点

● 给角色双腿建立描边路径

使用工具栏中的【钢笔工具】 ，通过 3 个锚点为左腿建立一条描边路径，颜色设置与肤色相同，
参数及形状如图 6-90 所示。

使用同样的方法给右腿建立描边路径，如图 6-91 所示。

图 6-90　为左腿建立描边路径

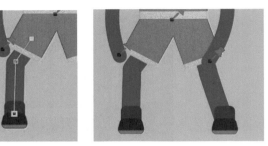

图 6-91　为右腿建立描边路径

● 开始让人物动起来

① 设置头部、躯干和手臂的动作关键帧。在 00:00:00:00 处给以下图层设置第 1 帧，具体图层、
参数及动作如图 6-92 所示。按 <F9> 键，对关键帧执行柔缓曲线。

在 00:00:00:06 处给以下图层设置第 2 帧，具体图层参数及动作如图 6-93 所示。按 <F9> 键，
对关键帧执行柔缓曲线。

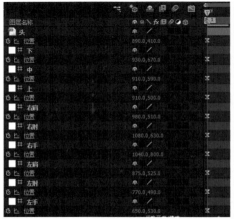

图 6-92　设置第 1 个关键帧

图 6-93　设置第 2 个关键帧

在 00:00:00:12 处给以下图层设置第 3 帧，具体图层、参数及动作如图 6-94 所示。按 <F9> 键，对关键帧执行柔缓曲线。

图 6-94　设置第 3 个关键帧

在 00:00:00:19 处给以下图层设置第 4 帧，具体图层、参数及动作与第 2 帧相同，如图 6-95 所示。

图 6-95　设置第 4 个关键帧

在 00:00:01:00 处给以下图层设置第 5 帧，具体图层、参数及动作与第 1 帧相同，如图 6-96 所示。

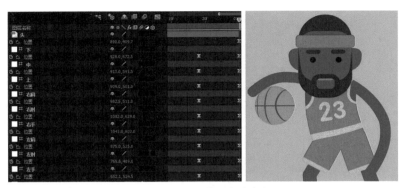

图 6-96　设置第 5 个关键帧

全部关键帧如图 6-97 所示。

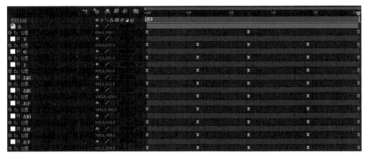

图 6-97　全部关键帧

TIPS

这一步我们为新添加的多个骨骼分别添加了关键帧。事实上，还可以按照上个例子的做法，为骨骼添加控制器。例如，可以为"左手"骨骼添加一个控制器，然后依次将"左手"骨骼、"左肘"骨骼、"左肩"骨骼绑定在"左手"骨骼的控制器上。这样移动控制器，也能带动整条左臂一起移动。

② 设置短裤的动作关键帧。在 00:00:00:00 处给"左裤"和"右裤"两个图层的位置和旋转属性设置第 1 帧，具体属性参数及动作如图 6-98 所示。按 <F9> 键，对关键帧执行柔缓曲线。

图 6-98　设置第 1 个关键帧

在 00:00:00:12 处给"左裤"和"右裤"两个图层的位置和旋转属性设置第 2 帧，具体属性参数及动作如图 6-99 所示。按 <F9> 键，对关键帧执行柔缓曲线。

图 6-99　设置第 2 个关键帧

在 00:00:01:00 处给"左裤"和"右裤"两个图层的位置和旋转属性设置第 3 帧，具体参数及动作与第 1 帧相同，如图 6-100 所示。

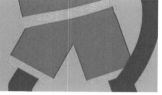

图 6-100　设置第 3 个关键帧

③ 设置双腿的动作关键帧。使用【路径选择工具】调整路径形状，在 00:00:00:00 处给"左腿"和"右腿"两个图层的路径属性设置第 1 帧，具体动作如图 6-101 所示。

④ 在 00:00:00:12 处给"左腿"和"右腿"两个图层的路径属性设置第 2 帧，具体动作如图 6-102 所示。

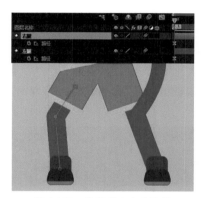
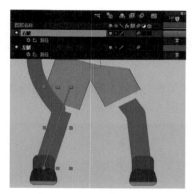

图 6-101　设置第 1 个关键帧　　　　　　图 6-102　设置第 2 个关键帧

⑤ 在 00:00:01:00 处给"左腿"和"右腿"两个图层的路径属性设置第 3 帧，具体动作与第一帧相同，如图 6-103 所示。

● 添加阴影

① 添加人物阴影。使用【椭圆工具】创建一个椭圆形，命名为"人物阴影"，填充颜色为（#000000），将图层透明度调整为 20%，如图 6-104 所示。

② 给篮球添加阴影。使用【椭圆工具】创建一个椭圆形，命名为"球阴影"，填充颜色为（#000000），将图层透明度调整为 20%，如图 6-105 所示。

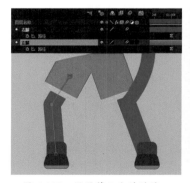

图 6-103　设置第 3 个关键帧　　　图 6-104　添加人物阴影　　　图 6-105　添加篮球阴影

③ 根据篮球的位置，为"球阴影"的位置属性添加关键帧，如图 6-106 所示。

图 6-106 为篮球阴影添加位置关键帧

打开"球阴影"的缩放属性，在篮球腾空时，设置数值为（100,100%）；落地时，设置数值为（74,74%），如图 6-107 所示。

图 6-107 为篮球阴影添加缩放关键帧

这样，一个篮球运动员拍球的动画就制作完成了！最终效果如图 6-108 所示。

图 6-108 最终效果

6.2.2 RubberHose 角色绑定动画

接下来的例子将介绍另外一款高效便捷的脚本——RubberHose。

1．RubberHose 及其安装

RubberHose 也是 After Effects 的一款角色绑定和动画脚本工具，该工具专门用来处理动画角色制作中手臂、腿脚等管状物的动态效果，能为动画师节省更多的时间去表现角色的性格。

RubberHose 的安装和启用与 Duik 类似。

第一步，下载得到 RubberHose.jsxbin 文件及 RubberHose 文件夹，如图 6-109 所示。将其放置在 Adobe After Effects CC\Support Files\Scripts\ScriptUI Panels 路径中。

图 6-109　安装文件

第二步，重启 Adobe After Effects 后，执行【编辑→首选项→常规】命令，在弹出的对话框中，勾选【允许脚本写入文件和访问网络】复选框，这样 Adobe After Effects 才会执行启用 RubberHose 脚本，如图 6-110 所示。

第三步，执行【窗口→ RubberHose.jsxbin】命令，打开 RubberHose 面板，就可以开始使用了，如图 6-111 所示。

图 6-110　允许脚本写入文件和访问网络

图 6-111　RubberHose 面板

2．实例：橄榄球运动员抛球动画

这是第 5 章中已经绘制好的橄榄球运动员，四肢呈管状，文件以 PSD 格式储存。在这个例子中，我们将利用 RubberHose 脚本对其进行绑定，添加一个抛球的循环动作。

● 准备工作

① 执行【文件→新建→新建项目】命令，建立新的项目。按 <Ctrl+N> 快捷键新建合成，参数如图 6-112 所示。

② 执行【文件→导入→文件】命令，导入"橄榄球"PSD 文件，将导入种类设置为合成，如图 6-113 所示。

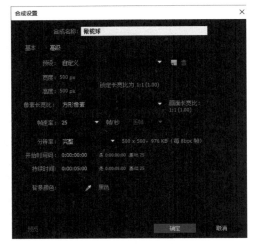

图 6-112　新建合成

图 6-113　导入文件

③ 将导入的合成放置在新建的橄榄球合成中，按住 <Shift> 键等比例缩小图形，调整至合适大小，如图 6-114 所示。

图 6-114　调整大小

● 替换手臂

双击打开合成，利用 RubberHose 脚本的管道工具对人物的两个手臂进行替换。将其命名为"左臂"，单击第一个按钮，就会出现一条管道，如图 6-115 所示。

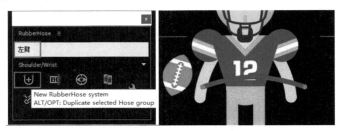

图 6-115　添加左臂管道

时间轴面板中多了图 6-116 所示的 3 个图层，选择"左臂"图层，设置无填充，描边颜色为（#F4D1B3），大小为 100 像素。

图 6-116　调整填充和描边参数

选择"左臂 ::Wrist"图层，打开效果控件面板，管道设置参数和得到的形状如图 6-117 所示。

移动"左臂 ::Wrist"和"左臂 ::Shoulder"两个图层的位置，替换掉左臂，要注意"Wrist"是手腕部分，而"Shoulder"是肩膀部分。通过同样的方法，利用 RubberHose 脚本，创建右臂管道，替换右臂，得到图 6-118 所示的人物。

 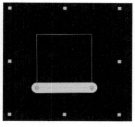 

图 6-117　设置管道效果　　　　　　　　　图 6-118　添加右臂管道

- 设置橄榄球的运动路径

① 设置橄榄球旋转路径。选中"橄榄球"图层，为其添加旋转关键帧。在 00:00:00:00 处将旋转参数设置为（0x+120°），00:00:01:05 处修改为（6x+120°）。按住鼠标左键框选所有关键帧，按 <F9> 键，对关键帧执行柔缓曲线，如图 6-119 所示。

图 6-119　添加旋转关键帧

打开"橄榄球"图层后的【运动模糊】开关，并在软件界面上方打开【运动模糊】总开关，这样橄榄球的运动就有了运动模糊的效果，如图 6-120 所示。

图 6-120　运动模糊

② 设置橄榄球位移路径。选中"橄榄球"图层，展开其位置属性，添加关键帧。在 00:00:00:00 处将位置参数设置为（624.0,1 655.0），00:00:00:15 处修改为（624.0,312），00:00:01:05 处修改为（624.0, 1 655.0）。按住鼠标左键框选所有关键帧，按 <F9> 键，对关键帧执行柔缓曲线。由于软件默认中心点不同，可能导致数值差异，请以配图中的位置为准，如图 6-121 所示。

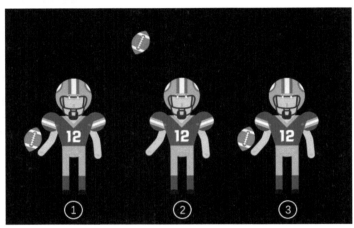

图 6-121　添加位置关键帧

- 设置手臂的运动路径

① 设置左臂运动路径。选中"左臂 ::Wrist"图层，为其添加位置关键帧。位置参数设置为： 00:00:00:00（612,1 834）、00:00:00:10（548,1 282）、00:00:00:22（548,1 282）、00:00:01:05（612,1 834）。由于软件默认中心点不同，可能导致数值差异，请大家以配图中的位置为准。按住鼠标左键框选所有关键帧，按 <F9> 键，对关键帧执行柔缓曲线，如图 6-122 所示。

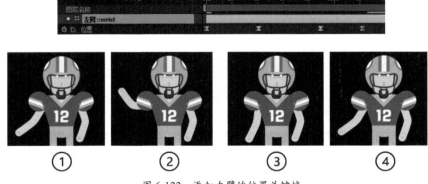

图 6-122　添加左臂的位置关键帧

② 设置右臂运动路径。选中"右臂 ::Wrist"图层，为其添加位置关键帧。位置参数设置为： 00:00:00:00（1 415,1 916）、00:00:00:10（1 470,1 905）、00:00:00:15（1 505,1 929）、00:00:01:00 （1 440,1 934）、00:00:01:05（1 415,1 916）。由于软件默认中心点不同，可能导致数值差异，请以配图中的位置为准。按住鼠标左键框选两个关键帧，按 <F9> 键，对关键帧执行柔缓曲线，如图 6-123 所示。

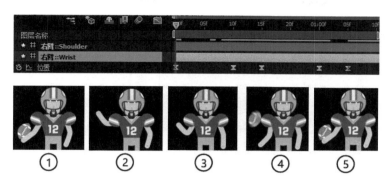

图 6-123　添加右臂的位置关键帧

● 制作眨眼动作

使用【椭圆工具】■，按住 <Shift> 键新建一个圆形，颜色为（#2C2C2C），如图 6-124 所示。

将图层命名为"眼睛"，展开【内容】菜单，选中"椭圆 1"图层，单击鼠标右键，将其重命名为"左眼"，如图 6-125 所示。

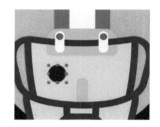

图 6-124　创建正圆形

图 6-125　重命名形状

选中"左眼"形状，按 <Ctrl+D> 快捷键，复制出一个新的形状，命名为"右眼"，然后按住鼠标左键，将其移动到"左眼"形状上方，如图 6-126 所示。

图 6-126　复制形状

现在两只眼睛是重叠的，为"右眼"的变换属性调整位置数值，移动右眼的位置，如图 6-127 所示。

图 6-127 调整右眼位置

选中"眼睛"图层,单击鼠标右键,从弹出的菜单中选择【变换→在图层内容中居中放置锚点】,如图 6-128 所示。

图 6-128 调整锚点位置

选中"眼睛"图层,设置缩放属性,单击数值前面的【约束比例】开关 将其关闭。添加缩放关键帧,参数为:00:00:00:05(100,100%)、00:00:00:07(100,20%)、00:00:00:10(100,100%)、00:00:00:12(100,20%)、00:00:00:15(100,100%)。按住鼠标左键框选所有关键帧,按 <F9> 键,对关键帧执行柔缓曲线,如图 6-129 所示。

图 6-129 添加缩放关键帧

- 制作身体其他连带动作

① 设置躯干动作。将"眼睛"图层和"头"图层建立父子链接,这样眼睛就跟随头部图层运动了,如图 6-130 所示。

图 6-130　父子链接

使用同样的方法，将"左臂 ::Shoulder""右臂 ::Shoulder""头""左肩膀""右肩膀"图层与"躯干"图层建立父子链接，如图 6-131 所示。

图 6-131　设置其他图层的父子链接

选择"躯干"图层，使用【向后平移（锚点）工具】，将锚点移动到图 6-132 所示的位置。

为"躯干"图层的旋转属性添加关键帧：00:00:00:00（0x+0°）、00:00:00:05（0x+13°）、00:00:01:10（0x-4°）、00:00:01:15（0x+0°）。按 <F9> 键，对关键帧执行柔缓曲线，如图 6-133 所示。

图 6-132　移动锚点

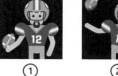 

图 6-133　添加旋转关键帧

② 设置头部动作。选择"头"图层，使用【向后平移（锚点）工具】，将锚点移动到图 6-134 所示的位置。

为"头"图层的旋转属性添加关键帧：00:00:00:00（0x+0°）、00:00:00:05（0x+16°）、00:00:01:10（0x-3°）、00:00:01:15（0x+0°）。按 <F9> 键，对关键帧执行柔缓曲线，如图 6-135 所示。

图 6-134　移动锚点

图 6-135　添加旋转关键帧

③ 设置左肩膀动作。选中"左肩膀"图层，使用【向后平移（锚点）工具】 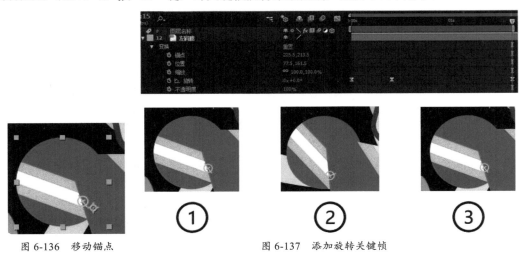，将锚点移动到图 6-136 所示的位置。

为"左肩膀"图层的旋转属性添加关键帧：00:00:00:00（0x+0°）、00:00:00:10（0x+15°）、00:00:01:15（0x+0°）。按 <F9> 键，对关键帧执行柔缓曲线，如图 6-137 所示。

图 6-136　移动锚点　　　　　　　　图 6-137　添加旋转关键帧

● 让动作循环起来

① 设置角色背景。回到之前新建的"橄榄球"合成，执行【图层→新建→纯色】命令，新建一个纯色图层，将颜色设置为（#00A2FF），如图 6-138 所示。将该图层放置在时间轴最下方，成为蓝色背景，如图 6-139 所示。

图 6-138　新建纯色图层

图 6-139　蓝色背景

② 设置循环动作。选中"橄榄球"合成，执行【图层→时间→启用时间重映射】命令，则为该合成添加上了"时间重映射"效果，如图 6-140 所示。

在 00:00:01:10 处添加一个时间重映射的关键帧，并且将末尾的关键帧删除，如图 6-141 所示。

按住 <Alt> 键，单击【时间重映射】前方的【时间变化秒表】按钮 ，打开该效果的表达式选项。从表达式菜单中选择【Property → loopOut(type="cycle"，numkeyframes=0)】，为该合成添加循环表达式，如图 6-142 所示。

图 6-140　【时间重映射】效果

图 6-141　修改关键帧

图 6-142　添加循环表达式

这样一个橄榄球运动员的抛球动画就制作完成了！最终效果如图 6-143 所示。

图 6-143　最终效果

6.3　场景动画

在传统的二维动画或三维动画中，动画角色是演绎故事情节的主体，场景只是角色活动和表演的舞台。场景是为角色服务的，所以往往是静止不动的。然而在 MG 动画中，角色的动作和行为在推动故事情节方面，只起到部分作用。很多时候，信息的传达是靠画面中所有元素的转换和变化来完成的。也就是说，除了角色，我们可以为建筑、植物、道具等所有的图形元素赋予动作，动态地、具象地展现整个场景，呈现出特殊的美感。

生长、形变、弹性等是 MG 动画中常见的制作手段。生长动画通常用在建筑、植物等元素上，我们在 MG 动画中经常会看到一栋房屋从无到有、拔地而起，带给人们一种新奇的视觉体验。形变常常配合位移、旋转、缩放等属性，能够体现出建筑、道具等元素运动的速度，让动作更加生动有趣。让运动的物体具有弹性，这几乎是 MG 动画的一条不二法则。

所有的动画效果，都可以通过手动调整、逐一添加关键帧的方式来完成。但很多时候，我们可以借助表达式和脚本来帮助自己提高工作效率。

6.3.1　建筑生长动画

1. 准备工作

① 导入文件。在项目面板中单击鼠标右键，从弹出的菜单中选择【导入→文件】，导入"户外场景"文件。在弹出的对话框中，该 PSD 文件将以合成的形式导入 After Effects 中，如图 6-144 所示。

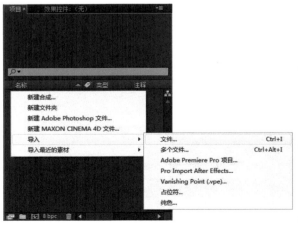

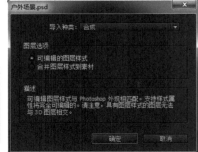

图 6-144　导入文件

② 通常场景中元素变换的时间都不会太长，因此可以执行【合成→合成设置】命令，在弹出的对话框中将合成的持续时间设置为00:00:05:00（5秒），如图6-145所示。从时间轴上可以看出，合成的时长变为5秒，里面包含了多个图层，其中还嵌套了多个子合成，如图6-146所示。这些子合成在这里充当的是一个单独的图层，双击将其打开，还能看到里面包含了更多的图层。

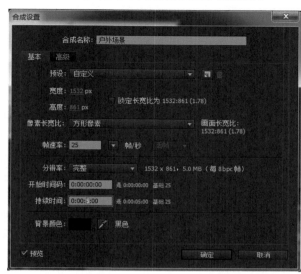

图 6-145 调整合成持续时间

图 6-146 图层分布情况

2. 生长动画

① 双击植物合成，将其展开，里面包含的是位于画面前方的植物和公路，如图6-147所示。可以通过它们来演示生长动画的制作方法。

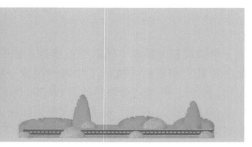

图 6-147 展开合成

② 通常 After Effects 中的图层繁多，为了制作时不受其他图层的干扰，需要制作某一图层的动画时，可以单击图层前方的【独奏】开关 ■，仅让该图层可见，如图 6-148 所示。为"公路背景"图层添加动画，隐藏其他图层，让该图层单独可见。

③ 由于默认情况下该图层的锚点位于图层中心，所有属性的改变都是基于锚点展开，而此处需要做的动画是让"公路背景"图层从左往右生长出来，因此需要使用【向后平移（锚点）工具】■，将锚点移动到图形的最左侧，如图 6-149 所示。

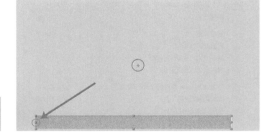

图 6-148 开启独奏开关　　　　　图 6-149 移动锚点

④ 选中"公路背景"图层，展开缩放属性，单击数值前面的【约束比例】开关 ■ 将其关闭。这样调整缩放参数时，图层就不会等比例缩放，可以分别在 x 轴和 y 轴两个方向改变大小，就能制作出我们想要的生长效果。

添加缩放关键帧，参数在 00:00:00:00 处设置为（0,100%），00:00:00:13 处设置为（100,100%），"公路背景"图层就呈现出从左向右生长的效果，如图 6-150 所示。

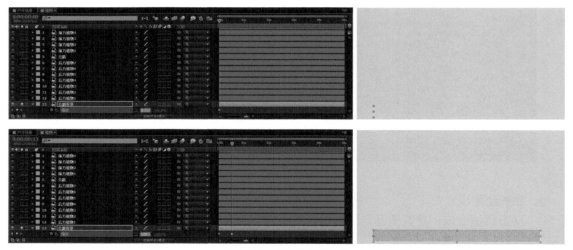

图 6-150 添加缩放关键帧

TIPS

除了单独调整 x 轴或 y 轴的缩放参数，还有其他的方法也可以模拟制作出生长效果。例如，选中"公路背景"图层后，执行【效果→过渡→线性擦除】命令，为该图层添加【线性擦除】效果，如图 6-151 所示。将时间滑块移动到 00:00:00:00 的位置，打开效果控件，添加关键帧，参数如图 6-152 所示。在 00:00:00:13 位置，将参数调整为如图 6-153 所示。"公路背景"图层将从左到右显现出来。灵活地使用 After Effects 各种工具，可以通过不同的手段来达到同样的效果。

图 6-151 添加【线性擦除】效果

图 6-152 添加第一个关键帧

图 6-153 添加第二个关键帧

3. 弹性效果

① 生长动画虽然设置完成，但是动作却非常死板，没有任何美感。前面提到，弹性是 MG 动画中经常会使用的效果，可以让动作变得更加生动有趣。因此，为生长动画添加弹性效果，选中"公路背景"图层，展开缩放属性，按住 <Alt> 键的同时，单击缩放前的【时间变化秒表】按钮 ，就激活了该属性的表达式。将下方的弹性表达式复制粘贴到时间轴上，弹性效果就完成了，如图 6-154 所示。

```
freq = 3;
decay = 5;
n = 0;
if (numKeys > 0){
    n = nearestKey(time).index;
    if (key(n).time > time) n--;
}
if (n > 0){
    t = time - key(n).time;
    amp = velocityAtTime(key(n).time - .001);
    w = freq*Math.PI*2;
    value + amp*(Math.sin(t*w)/Math.exp(decay*t)/w);
}else
    value
```

图 6-154　添加弹性表达式

TIPS

上面提到的表达式由美国的 After Effects 高手丹·埃伯特（Dan Ebberts）编写，他在自己的网站上提供了很多他自己撰写的 After Effects 脚本与表达式，里面还有详细的解说和推导过程。

② 除了表达式，还可以借助 Duik 脚本中的自动化命令，更加快捷地添加一些预设的效果。选中缩放属性，也就选中了所有的缩放关键帧，在 Duik 的自动动画面板中，单击【回弹】按钮 ，立即为生长动画添加了弹性的效果。还可以通过效果控件面板，来调整 Elasticity（弹性）、Damping（阻尼）等相关参数，参数设置如图 6-155 所示。

图 6-155　添加【回弹】效果

4．为前景的其他元素设置生长动画

① 按照上述步骤为"公路"图层添加生长动画和弹性效果。将缩放参数设置为 00:00:00:02（0,100%），00:00:00:15（100,100%），如图 6-156 所示。

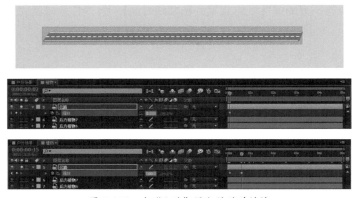

图 6-156　为"公路"添加缩放关键帧

② 添加植物的生长。选中"后方植物 1"图层，将锚点调整到图层下方。添加缩放关键帧，参数在 00:00:00:05 处设置为（100,0%），00:00:00:11 处设置为（100,100%），如图 6-157 所示。该图层呈现出从下至上的生长效果。

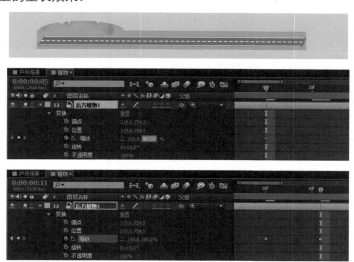

图 6-157　为"后方植物 1"添加缩放关键帧

③ 继续为其他植物添加生长动画。选中"后方植物"1～7图层，展开缩放属性。选中并复制"后方植物 1"的关键帧，粘贴在"后方植物 2"的缩放属性上。为了让画面中植物不是同时生长，而是从左到右错落生长，可以将时间滑块移动到 00:00:00:07 的位置，再粘贴关键帧。这样，"后方植物 2"的第一个关键帧比"后方植物 1"落后 2 帧，动作也将延迟 2 帧。按照同样的步骤，将关键帧复制在其他图层上，植物呈现出延迟生长，如图 6-158 所示。

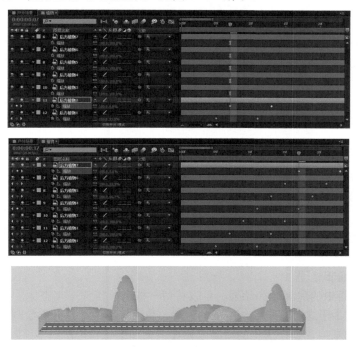

图 6-158　为其他"后方植物"添加缩放关键帧

④ 接下来制作前方植物的生长动画。选中"前方植物 1"图层，将其锚点调整到图形底部。添加缩放关键帧，参数在 00:00:00:12 处设置为（0,0%），00:00:00:17 处设置为（100,100%），如图 6-159 所示。

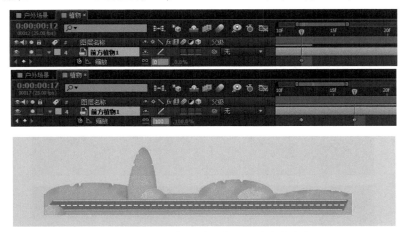

图 6-159　为"前方植物 1"添加缩放关键帧

按照同样的步骤，将关键帧复制在前方植物的其他图层上，植物呈现出延迟生长，如图 6-160 所示。

这个阶段得到的效果如图 6-161 所示。

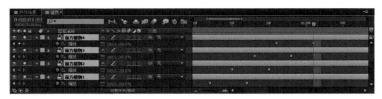

图 6-160　为其他"前方植物"添加缩放关键帧

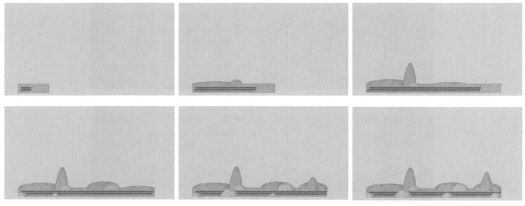

图 6-161　前景生长效果

5. 房屋生长的细节处理

① 接下来为画面中的房屋添加动画。可以将每一栋房子当作一个整体，参照前面植物生长的方法为其添加动画。由于这个例子中，房子的窗户、房顶等组件都是分层绘制的，我们可以为这些组件分别添加生长动画，让整个房子的动画效果显得更加细腻和丰富。下面以"房子 4"为例制作动画，如图 6-162 所示。

图 6-162　"房子 4"分层情况

首先为"房屋主体"图层添加动画，隐藏其他图层，让该图层单独可见。使用【向后平移（锚点）工具】 ![icon]，将锚点移动到图形的最底部，如图 6-163 所示。

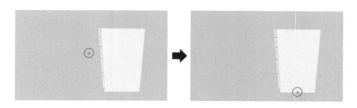

图 6-163　移动锚点

添加缩放关键帧，参数在 00:00:00:09 处设置为（100,0%），00:00:00:16 处设置为（100,100%）。然后通过表达式或单击 Duik 中的【回弹】按钮 ![icon]，为其添加弹性效果，如图 6-164 所示。

图 6-164　为"房屋主体"添加缩放关键帧

② 为了让运动的方向显得不单一，当"房屋主体"图层自下而上生长时，可以让窗户自上由下反方向出现。选择"窗户 1"图层，移动锚点至窗户最上方，如图 6-165 所示。同时展开位置和缩放属性。在 00:00:00:11 的位置添加关键帧，位置参数（877,277），缩放参数（100,0 %）。在00:00:00:18 的位置，将位置参数调整为（877,313.5），缩放参数（100, 100 %），如图 6-166 所示。

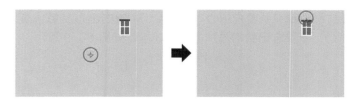

图 6-165　移动锚点

"窗户 1"图层的动画效果如图 6-167 所示。

用同样的方法为"窗户 2"到"窗户 6"图层添加动画，为了让这几扇窗户先后依次出现，可以让关键帧依次往后错开 1 帧，如图 6-168 所示。

图 6-166 为"窗户 1"添加位置和缩放关键帧

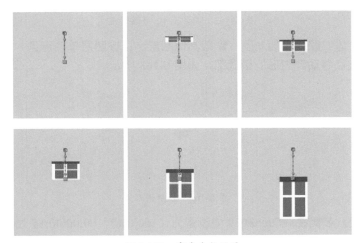

图 6-167 窗户生长效果

图 6-168 为其他"窗户"添加关键帧

选中"窗户 7"图层,移动锚点至窗户中心,为其添加缩放关键帧,参数设置为 00:00:00:18(0,0%)、00:00:00:21(100,100%)。不要忘记给它添加上弹性动画,如图 6-169 所示。

图 6-169 为"窗户 7"添加缩放关键帧

③ 为栅栏添加生长动画。选中"栅栏 1"图层,移动锚点至图像最右侧。添加缩放关键帧,参数设置为 00:00:00:16(0,100%)、00:00:00:19(100,100%),如图 6-170 所示。然后通过表达式或单击 Duik 中的【回弹】按钮 ,为其添加弹性效果。

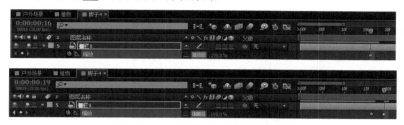

图 6-170 为"栅栏 1"添加缩放关键帧

用同样的方法为"栅栏 2"图层添加动画,为了让栅栏先后出现,可以让其关键帧依次往后错开 1 帧,效果如图 6-171 所示。

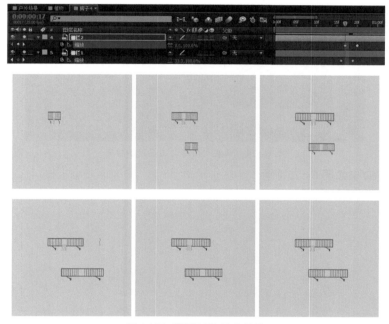

图 6-171 "栅栏 2"缩放效果

前面的动作设置完成以后,当前的效果如图 6-172 所示。

图 6-172 当前效果

④ 选中"房顶"图层，移动锚点至房顶中心，同时展开位置、缩放和不透明度属性。添加位置关键帧，00:00:00:23 处参数设置为（954,218.5），00:00:01:01 处调整为（957,242.5）。添加缩放关键帧，00:00:00:15 处参数设置为（124,124%），00:00:00:19 处为（100,100%）。添加不透明度关键帧，00:00:00:13 处参数设置为（0%），00:00:00:15 处为（100%）。按住鼠标左键框选所有关键帧，按 <F9> 键，对关键帧执行柔缓曲线，如图 6-173 所示。

图 6-173 为"房顶"添加关键帧

⑤ 添加阴影。前面房屋的各个组件都已经生长完毕，阴影图层的动作则可以简略一些。选中所有"阴影"图层，在时间轴上将图层的显示条拖动到 00:00:01:05 处，这样当时间到 1 秒 05 帧且其他组件动画基本播放完毕时，阴影才集体可见，如图 6-174 所示。

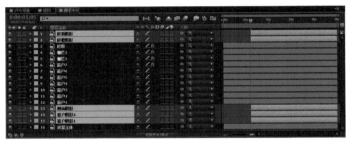

图 6-174 调整"阴影"图层显示时间

该房子的最终效果如图 6-175 所示。

图 6-175 "房子 4"整体效果

6. 位移变形动画

① 除了生长效果，我们还可以添加不同的效果让画面的动态显得更加多元化。回到主合成"户外场景"，选中"房子 3"图层，我们将以它为例，制作位移变形的动画效果。移动锚点至房子的底部中心，展开位置属性，在 00:00:00:09 的位置添加关键帧，参数为（−167.4, 751.7）。在 00:00:00:16 的位置，将参数调整为（680.6, 751.7）。按住鼠标左键框选所有关键帧，按 <F9> 键，对关键帧执行柔缓曲线。房子产生了从画外移动到画中的效果，如图 6-176 所示。

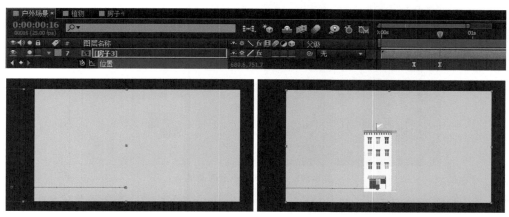

图 6-176　为"房子 3"添加位置关键帧

② 根据前面提到的挤压和拉伸法则，要想刻画出房子移动的速度感，可以让它在移动过程中产生往外拉伸的效果。当它停下来时，也并不是突然停止，而是在惯性的作用下，左右晃动几下，使动作显得有弹性。

为该图层添加【效果→扭曲→ CC Bender】效果，在 00:00:00:16 的位置添加效果关键帧，设置参数如图 6-177 所示。让房子在位移时，产生轻微的形变效果。

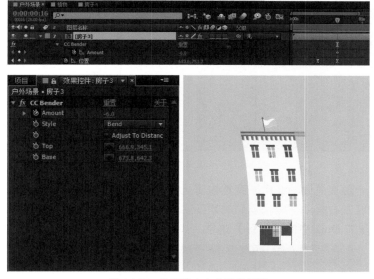

图 6-177　设置第 1 个效果关键帧

在 00:00:00:20 的位置添加效果关键帧，设置参数如图 6-178 所示。尽管房子已经静止下来，但是在惯性的作用下，还会朝反向产生一定形变。

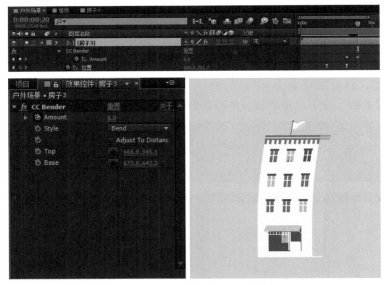

图 6-178　设置第 2 个效果关键帧

在 00:00:00:22 的位置添加效果关键帧，设置参数如图 6-179 所示。最终房子恢复正常形态。

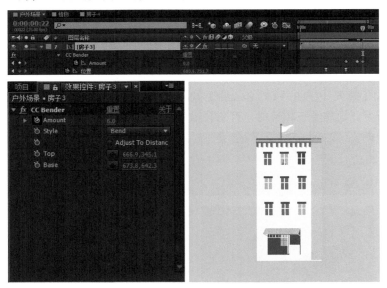

图 6-179　设置第 3 个效果关键帧

现在添加的 3 个形变关键帧让房子突然恢复正常，效果比较生硬。自然的动作应该是，房子在惯性的作用下，继续左右摆动，每次摆动的幅度逐渐变小，最终慢慢恢复正常。因此，可以选中这 3 个关键帧，为其添加 Duik 中的【回弹】效果，如图 6-180 所示。

图 6-180　添加【回弹】效果

③ 按照前面的方法，为其他几栋房子添加动画，可以选择生长、形变或者其他的动画效果。注意不同图层不要同时出现，它们的动画设置可以在时间上先后错开，让画面的动作显得更加有层次感。当前效果如图 6-181 所示。

图 6-181　当前效果

7. 路径调整

选中"太阳"图层，移动锚点至太阳中心，为其添加位置关键帧，在 00:00:01:01 处设置参数为（916,616）。在 00:00:01:21 的位置，将参数调整为（612,384）。按住鼠标左键框选所有关键帧，按 <F9> 键，对关键帧执行柔缓曲线。太阳产生了从地面升上天空的动画，如图 6-182 所示。

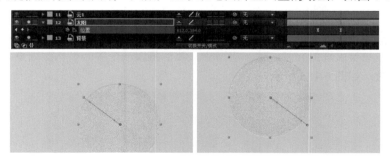

图 6-182　为"太阳"添加位置关键帧

在合成窗口中，拖动路径两端的操纵手柄，可以将太阳移动的直线调整为曲线，让其移动的路线更加优美，如图 6-183 所示。

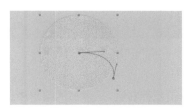

图 6-183　调整运动路径

这个例子得到的最终效果如图 6-184 所示。

图 6-184 最终效果

6.3.2 中心型构图场景动画

前面提到中心型构图是 MG 动画中十分有创意的构图方式,设计重点放在画面中心,以一种画中画的形式来凸显想要展现的元素。这一小节中,我们将以一个中心型构图场景为例详细讲解具体的制作步骤和方法,如图 6-185 所示。

图 6-185 中心型构图案例

1. 准备工作

① 导入文件。在项目面板中单击鼠标右键,从弹出的菜单中选择【导入→文件】,导入"北极场景"文件。在弹出的对话框中,该 PSD 文件将以合成的形式导入 After Effects 中,如图 6-186 所示。

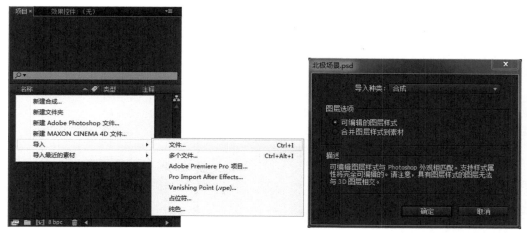

图 6-186　导入文件

② 我们可以执行【合成→合成设置】命令，为新导入的合成设置持续时间。如图 6-187 所示，在弹出的对话框中将合成的持续时间设置为 00:00:05:00。我们前期在 Photoshop 中绘制好的分层素材，被完整地导入进来，图层分布情况如图 6-188 所示。

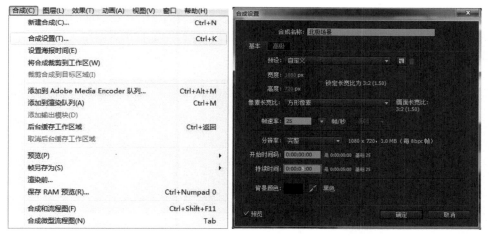

图 6-187　设置合成时间

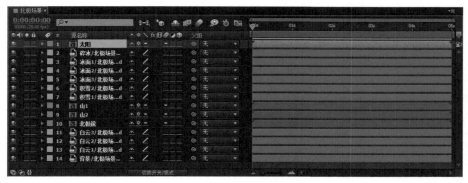

图 6-188　图层分布情况

2. 旋转动画，动态模糊效果

① 为了制作时不受其他图层的干扰，需要制作某一图层的动画时，可以单击图层前方的【独奏】开关，仅让该图层可见。我们首先为 3 个"冰面"图层添加动画，隐藏其他图层，让这 3 个图层单独可见，如图 6-189 所示。

图 6-189　启用【独奏】开关

② 在制作场景动画时，需要根据场景本身的特点来选择动画效果。"北极场景"是圆形构图，可以选择旋转的方式让场景动起来。选中"冰面 3"图层，为缩放和旋转属性添加关键帧。在 00:00:00:00 处，将缩放参数设置为（0，0%），旋转参数设置为（0）。在 00:00:00:11 处，缩放参数调整为（100，100%），旋转参数调整为（1x+0°）。按住鼠标左键框选这两组关键帧，按 <F9> 键，对关键帧执行柔缓曲线，如图 6-190 所示。

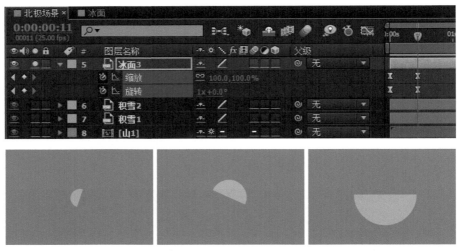

图 6-190　为"冰面 3"添加旋转关键帧

③ 添加模糊效果。快速移动的物体一般会有明显的模糊拖动痕迹，为了让"冰面 3"的转动看上去更加自然，可以打开"冰面 3"图层后的【运动模糊】开关，并在上方打开【运动模糊】总开关，这样"冰面 3"图层的运动就有了动态模糊的效果，如图 6-191 所示。

④ 前面几步让"冰面 3"图层呈现出从小到大、从无到有的效果。接下来按照上面的步骤，继续为"冰面 3"添加旋转，让它继续转动起来。旋转参数设置为：00:00:00:15（1x+0°）、00:00:00:19（1x+26°）、00:00:01:03（1x+35°）、00:00:01:16（0x-25°）、00:00:01:18（0x-28.5°）、00:00:01:24（0x+0°），如图 6-192 所示。

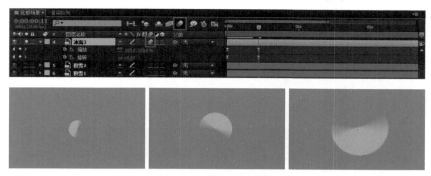

图 6-191 添加运动模糊

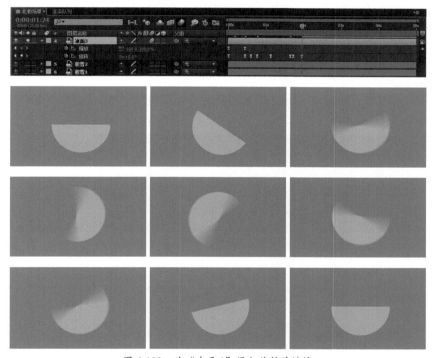

图 6-192 为"冰面 3"添加旋转关键帧

TIPS

观察这一步"冰面 3"的旋转方向，可以发现它的主要动作是逆时针旋转，但是在开始几帧中，有一个轻微的顺时针的旋转动作，这就是之前提到的预备动作。一个小幅度的反向旋转，让这个动作显得更加具有冲击力。

3. 继续添加旋转动画和运动模糊效果

① 按照上述步骤，为"冰面 2"图层添加旋转和运动模糊。旋转参数设置为：00:00:01:10（0x+12°）、00:00:01:20（1x+6.6°）、00:00:01:24（1x+0°）。不透明度参数设置为：00:00:01:09（0%）、00:00:01:11（100%）。按住鼠标左键框选所有关键帧，按 <F9> 键，对关键帧执行柔缓曲线，如图 6-193 所示。

② 为"冰面 1"图层添加缩放效果。选中"冰面 1"图层，设置缩放属性，单击数值前面的【约束比例】开关 将其关闭。为缩放属性添加关键帧，将时间滑块移动到 00:00:01:15 的位置，将 y 轴的参数设置为 0，并添加关键帧。在 00:00:01:18 的位置，将参数调整为 100，"冰面 1"图层就呈现出从上向下生长的效果。利用前面学到的添加表达式或者单击 Duik 的【回弹】按钮，为该动作

添加弹性效果,如图 6-194 所示。

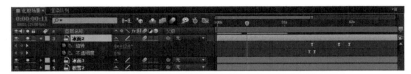

图 6-193 为"冰面 2"添加旋转和不透明度关键帧

图 6-194 为"冰面 1"添加缩放关键帧

③ 选中"碎冰"图层,添加不透明度关键帧。其参数设置为 00:00:01:22(0%)、00:00:02:00(100%),如图 6-195 所示。

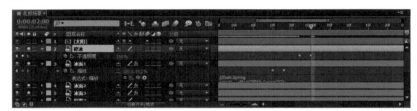

图 6-195 为"碎冰"添加不透明度关键帧

这个阶段得到的效果如图 6-196 所示。

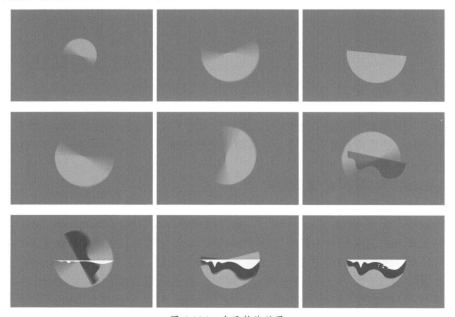

图 6-196 冰面整体效果

4. 添加生长动画效果

① 这一步需要为"山 1"图层添加从下往上的生长动画。由于默认情况下该图层的锚点位于图层中心，因此需要使用【向后平移（锚点）工具】 ，将锚点移动到图形的最下方，如图 6-197 所示。

图 6-197 移动锚点

为其缩放参数添加关键帧，在 00:00:01:24 处缩放参数设置为（0%, 0%），00:00:02:09 处缩放参数调整为（100%, 100%）。按住鼠标左键框选所有关键帧，按 <F9> 键，对关键帧执行柔缓曲线。利用前面学到的添加表达式或者单击 Duik 的【回弹】按钮，为该动作添加弹性效果，如图 6-198 所示。

图 6-198 为"山 1"添加缩放关键帧

② 按照上面的步骤，在调整"山 2"图层的锚点以后，为其缩放参数添加关键帧，在 00:00:02:02 处缩放参数设置为（0%, 0%），00:00:02:12 处缩放参数调整为（100%, 100%）。按住鼠标左键框选所有关键帧，按 <F9> 键，对关键帧执行柔缓曲线。利用前面学到的添加表达式或者单击 Duik 的【回弹】按钮，为该动作添加弹性效果，如图 6-199 所示。

图 6-199 为"山 2"添加缩放关键帧

5. 调整速度曲线

① 这一步将为"积雪"图层添加动画，让其掉落在山顶上。选中"积雪 1"图层，使用【向后平移（锚点）工具】 ，将锚点从图层的中心移动到图形的中心。此时锚点参数为（386,246），如图 6-200 所示。

然后为其缩放和位置属性添加关键帧。将缩放参数设置为：00:00:02:12（0%, 0%）、00:00:02:16（150%, 150%）、00:00:02:21（100%, 100%）。将位置参数设置为 00:00:02:22（386，186）、00:00:03:02（386，246）。按住鼠标左键框选所有关键帧，按 <F9> 键，对关键帧执行柔缓曲线，如图 6-201 所示。

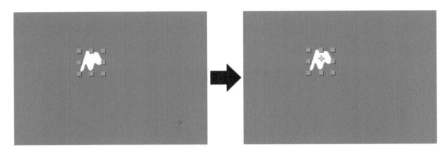

图 6-200 移动锚点

图 6-201 为"积雪 1"图层添加缩放和位置关键帧

为了让"积雪 1"图层从上往下掉落时的速度越来越快,产生加速度和重力感,可以调整其速度曲线。选中位置属性,单击【图表编辑器】按钮 ,拖动操纵手柄,调整位置属性的速度曲线,让其进行加速运动,曲线如图 6-202 所示。

图 6-202 调整速度曲线

② 按照上面的步骤,将"积雪 2"图层的锚点参数调整为(436,226),然后为其缩放和位置属性添加关键帧。将缩放参数设置为 00:00:02:14(0%,0%)、00:00:02:18(150%,150%)、00:00:02:22(100%,100%)。将位置参数设置为 00:00:02:22(436,173)、00:00:03:02(436,226)。按住鼠标左键框选所有关键帧,按 <F9> 键,对关键帧执行柔缓曲线,如图 6-203 所示。

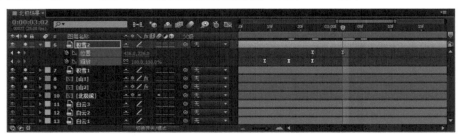

图 6-203 为"积雪 2"图层添加缩放和位置关键帧

同样单击【图表编辑器】按钮，拖动操纵手柄，调整位置属性的速度曲线，如图 6-204 所示。

图 6-204　调整速度曲线

③ 选中"北极熊"图层，为其添加位置和不透明度关键帧。将不透明度参数设置为 00:00:02:24（0%）、00:00:03:03（100%）。将位置参数设置为 00:00:03:03（540,444）、00:00:03:07（540,360）。按住鼠标左键框选位置关键帧，按 <F9> 键，对关键帧执行柔缓曲线。利用前面学到的添加表达式或者单击 Duik【回弹】按钮，为位置的动画添加弹性效果，如图 6-205 所示。

图 6-205　为"北极熊"添加位置和不透明度关键帧

这个阶段得到的效果如图 6-206 所示。

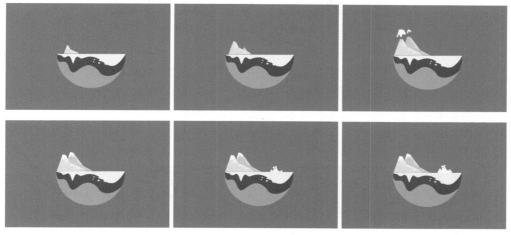

图 6-206　当前效果

6. 随机浮动效果

为白云制作随机浮动的动画。选中"白云 1"图层，为其添加不透明度关键帧。将不透明度参数设置为 00:00:03:00（0%）、00:00:03:06（100%）。然后选中"白云 2""白云 1"图层，设置缩放属性。选中并复制"白云 1"的不透明度关键帧，粘贴在"白云 2"的不透明度属性上。为了让画面中白云不是同时出现，而是依次出现，可以将时间滑块移动到 00:00:03:01 的位置，再粘贴关键帧。这样，"白云 2"的第一个关键帧比"白云 1"落后 1 帧，动作也将延迟 1 帧。按照同样的步骤，将关键帧复制在"白云 3"图层上，如图 6-207 所示。

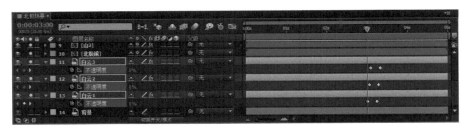

图 6-207　为"白云"添加不透明度关键帧

我们可以利用 Duik 脚本中的命令快捷地为白云添加在空中飘动的效果。选中"白云 1"图层的位置属性，在 Duik 的自动动画面板中，单击【抖动】按钮 ，立即为位置属性添加了随机动态效果，如图 6-208 所示。

还可以通过效果控件面板来调整 Amplitudes（振幅）、Frequencies（频率）等相关参数，参数设置如图 6-209 所示。

图 6-208　添加【抖动】效果　　　　图 6-209　调整【抖动】参数

7. 路径调整

选中"太阳"图层，移动锚点至太阳中心，锚点参数将调整为（604,178）。为其添加位置关键帧，在 00:00:03:13 的位置添加关键帧，参数为（432,324）。在 00:00:04:12 的位置将参数调整为（604,178）。按住鼠标左键框选所有关键帧，按 <F9> 键，对关键帧执行柔缓曲线，如图 6-210 所示，太阳从海平面升上了天空。在合成窗口中，拖动路径两端的操纵手柄，可以将太阳移动的直线调整为曲线，让其移动的路线更加优美。

图 6-210　为"太阳"添加位置关键帧

这个例子得到的最终效果如图 6-211 所示。

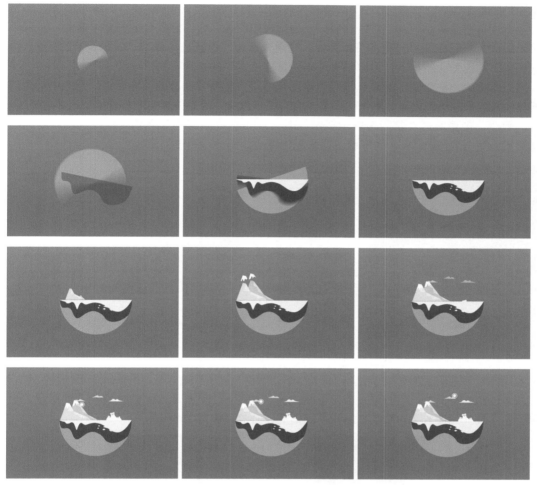

图 6-211　最终效果

6.4　图形演绎

6.4.1　形状图层基础知识

除了常见的角色和场景，MG 动画最大的特点，就是让平面设计中抽象的符号、具象的图标、数据表格等一切图形、图像动起来。这些图形可以由动态图形设计师先在 Photoshop 或 Illustrator 中画好以后，导入 After Effects 中添加动画。也可以直接在 After Effects 中利用形状图层进行制作。

形状图层是制作图形动画的关键工具之一，它很像是嵌套在 After Effects 中的一个小版本的 Illustrator，利用它自带的工具，我们可以创建出更加复杂的矢量图形。

1. 矢量图形与位图图像

矢量图形根据图像的几何特征来制作图形，靠直线和曲线来描述图像。矢量图形能由软件生成，After Effects 中基于矢量的图形对象包括蒙版路径、形状图层的形状和文字图层的文字。换句话说，形状图层制作出的图形就是矢量图形。

位图图像，有的时候也称为栅格图像，它使用像素来代表图像。视频素材、图像序列等类型的图像都是栅格图像。

由于位图图像是由一个个像素点组成，每幅位图图像包含固定数量的像素，因此它依赖于分辨率。如果放大位图图像，一些细节会丢失，呈现像素化，也就是马赛克，如图 6-212 所示。但是位图图像表现的色彩比较丰富，可以逼真地表现真实世界中的各种实物。

同位图相比，矢量图形的缺点是难以表现色彩层次丰富且逼真的图像效果。但它们最大的好处是无限缩放后边缘依旧清晰，图像的质量不会有任何损失，因为矢量图形与分辨率无关，如图 6-213 所示。因此，矢量图形常常用来表示标识、图标、Logo 等。这也是我们之前提到的，动态图形设计师常常利用 After Effects 中的形状图层来制作符号、图标等图形的原因。

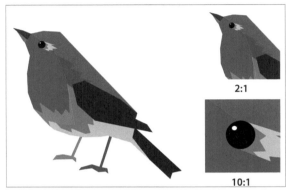

图 6-212　位图图像　　　　　　　　　　　　　　　图 6-213　矢量图形

2. 形状、蒙版和路径

在 After Effects 中，我们可以使用形状工具（如图 6-214 所示）制作普通的几何形状，也可以使用钢笔工具（如图 6-215 所示）制作不规则的、开放或者封闭的图形。

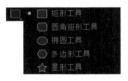　　　　　　　　　　

图 6-214　形状工具　　　　　　　　　　图 6-215　钢笔工具

使用形状工具和钢笔工具后，通过不同的操作，可以得到不一样的结果。例如使用【圆角矩形工具】后，如果不选中任何图层，直接在合成窗口中进行制作，那么软件会自动新建一个单独的图层，这就是形状图层，如图 6-216 所示。而如果选中了某个图层，将圆角矩形制作在该图层内，软件则会为该图层建立一个蒙版，如图 6-217 所示。封闭的蒙版相当于一个轮廓图或者一个区域，可以用来修改图层的 Alpha 通道，确定图层透明和不透明的区域。应用了蒙版的图层，只有蒙版里面的图像显示出来，外部区域变成透明。蒙版在视频制作和动画中被广泛使用，例如可以用它"抠"出图像中的一部分，将多余的部分给去除掉。

图 6-216　制作形状图层

图 6-217 制作蒙版

　　然而不管是形状图层、封闭的蒙版还是开放的蒙版，只要是矢量图形，它们就是由路径构成的。制作形状、蒙版，其实就是基于路径的建立和编辑。路径包括线段和顶点，可以拖动路径顶点、每个顶点的方向手柄来更改路径的形状，如图 6-218 所示。前面提到，封闭的路径或者说封闭的蒙版可以用来定义图层的透明区域，而开放的路径无法为图层创建透明区域，却可以用来设置路径动画。例如，可以在文本图层上制作一条曲线，将该曲线指定给文本的路径选项，这样文本就沿着该路径排列，并且可以设置成相应的动画效果，如图 6-219 所示。

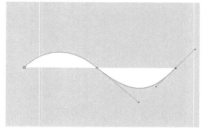

图 6-218 制作路径

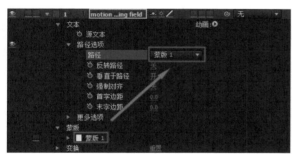

图 6-219 设置路径动画

3. 形状图层的构成

　　前面提到形状图层中的形状是矢量图形对象，它与分辨率无关，可以随意地缩放，这是因为形状是软件通过数学公式计算获得的。例如在图 6-220 中制作了一朵花的形状，该形状由路径、描边和填充 3 个部分组成。路径用锚点和线段勾勒出形状的外部轮廓，描边相当于外部轮廓的颜色，而填充则是路径封闭的区域所添加的颜色，这 3 个数值最终决定了花朵的形态和颜色。

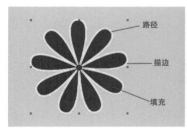

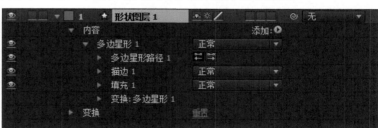

图 6-220 形状图层的构成

　　创建形状图层后，除了可以通过调整路径、描边和填充的参数来修改形状的基本形态，还可以使用工具面板或时间轴面板中的【添加】菜单为形状添加效果属性，制作出更加复杂的形状和动画效果，如图 6-221 所示。

图 6-221 为形状添加效果

6.4.2 点线面生长动画

这一部分我们将利用一个例子来继续讲解形状图层的相关知识点。这是一个典型的抽象风格 MG 动画。画面中没有任何角色，单纯地靠点、线、面的组合变换来吸引观众的注意力。这个例子还将涉及中继器、路径修剪等常用的制作手段和方法。

1. 准备工作

① 执行【合成→新建合成】命令，新建合成，尺寸为 1 920 像素 ×1 080 像素，持续时间为 5 秒，设置背景颜色为（#C04849），其他参数如图 6-222 所示。

② 设立参考线。执行【视图→显示标尺】命令，将标尺调取出来，如图 6-223 所示。然后按住鼠标左键，从标尺处拖出两条参考线，让两条参考线的交点位于图像的中心，如图 6-224 所示。这样做的目的是让后续的图形能够找准图像的中心，有一个基本的参考。

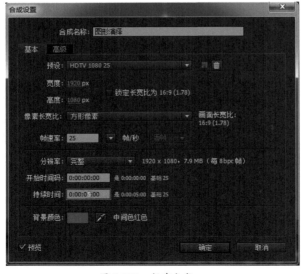

图 6-222 新建合成

图 6-223 显示标尺

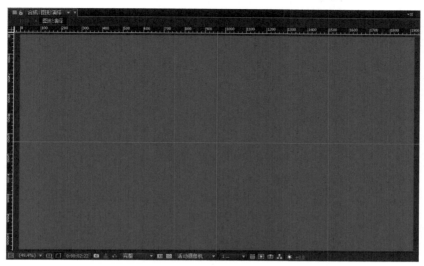

图 6-224　创建参考线

2. 创建线框，修剪路径

① 新建线框。使用【矩形工具】▣，按住 <shift> 键的同时，按住鼠标左键在合成窗口中拖曳出一个正方形。时间轴上出现了一个新的形状图层，将其重命名为"线框"。

在工具栏中，将其填充效果关闭，将描边宽度设置为 15 像素，描边颜色设置为白色，如图 6-225 所示。

在时间轴中，展开"线框"图层里的【内容】菜单，将【矩形路径 1】的大小设置为（400,400）。将【变换：矩形 1】中的锚点设置为（0,0），位置为（0,0），旋转为（0x+45°），得到图 6-226 所示的效果。

图 6-225　设置描边宽度

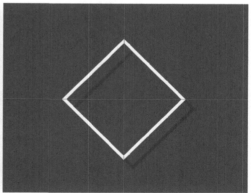

图 6-226　创建线框

TIPS

形状图层中有两个甚至多个涉及变换的菜单，如图 6-227 所示。【变换】中包含锚点、位置、缩放等参数，控制的是当前的图层，可以调整图层的锚点、位置等。而【变换：矩形 1】也包含一系列相同的参数，它控制的是"矩形 1"这个形状，可以调整单个形状的锚点、位置等。如果图层包含多个形状，调整图层的【变换】属性，则图层中所有的形状都会发生改变；而调整某个形状的【变换：矩形】参数，则该形状发生改变，其他形状不受影响。

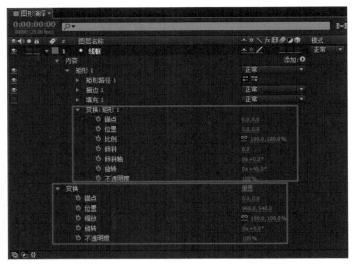

图 6-227　变换菜单

②　修剪路径。打开【添加】菜单，选择【修剪路径】，为该正方形线框添加修剪路径效果，如图 6-228 所示。为修剪路径中的开始和结束添加关键帧。将开始参数在 00:00:00:04 处调整为（0%），00:00:01:05 处调整为（100%）。将结束参数在 00:00:00:00 处调整为（0%），00:00:01:03 处调整为（100%）。按住鼠标左键框选所有关键帧，按 <F9> 键，对关键帧执行柔缓曲线，如图 6-229 所示。

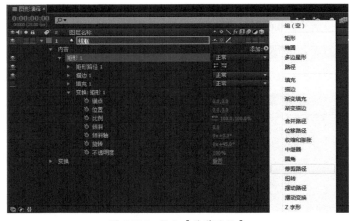

图 6-228　添加【修剪路径】

图 6-229　添加修剪路径参数

执行【效果→透视→投影】命令，为该正方形线框添加【投影】效果，参数如图 6-230 所示。

图 6-230　添加【投影】效果

这个阶段得到的效果如图 6-231 所示。

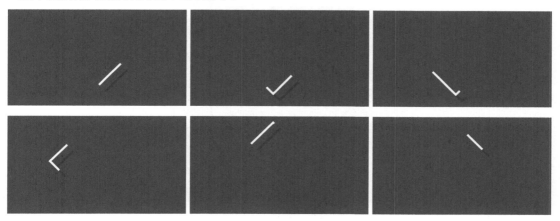

图 6-231　路径修剪效果

③ 复制线框。选中"线框"图层，按 <Ctrl+D> 快捷键，复制出图层"线框 2"。将其矩形路径的大小调整为（310，310），如图 6-232 所示。

图 6-232　复制线框

展开【描边 1】菜单，单击【虚线】右边的"+"号，将线框 2 变成虚线。为虚线和偏移参数添加关键帧。在 00:00:00:00 处，虚线参数为 0，偏移参数为 0。在 00:00:00:16 处，虚线参数为 51，偏移参数为 139。在 00:00:01:01 处，虚线参数为 0，偏移参数为 0。按住鼠标左键框选所有关键帧，按 <F9> 键，对关键帧执行柔缓曲线，如图 6-233 所示。

图 6-233　设置虚线关键帧

执行【效果→透视→投影】命令为"线框 2"图层再次添加【投影】效果，【投影 2】的阴影颜色为（#FFE553），其他参数如图 6-234 所示。

图 6-234　添加【投影】效果

这个阶段得到的效果如图 6-235 所示。

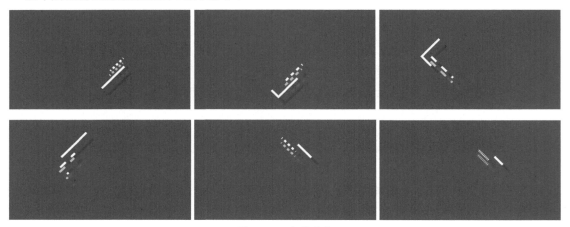

图 6-235　当前效果

3. 创建多边形，合并路径

① 新建三角形。使用【多边形工具】 ，按住鼠标左键在合成窗口中拖曳出一个多边形。时间轴上出现了一个新的形状图层，将其重命名为"多边形"。默认的多边形是 5 边形，将【多边星形路径 1】中的点的参数调整为 3，外径调整为 207。同时，将【变换：多边星形 1】中的锚点和位置参数都调整为 0，确保该图形本身及其锚点都位于图层中心，得到图 6-236 所示的三角形。

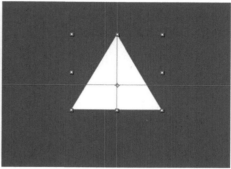

图 6-236　新建三角形

为【多边星形路径 1】中的点的参数添加关键帧，00:00:01:19 处将点的参数调整为 3，00:00:01:20 处调整为 4，如图 6-237 所示。

图 6-237　添加关键帧

为【变换：多边星形 1】中的比例和旋转参数添加关键帧。将比例参数在 00:00:01:02 处调整为（0,0%），在 00:00:01:06 处调整为（100,100%）。将旋转参数在 00:00:01:12 处调整为 0，00:00:01:24 处调整为（0x+200°）。按住鼠标左键框选这两组关键帧，按 <F9> 键，对关键帧执行柔缓曲线，如图 6-238 所示。

图 6-238　添加比例和旋转关键帧

为了让运动更加具有弹性，可以为比例和旋转两个参数添加 Duik 脚本中的【回弹】效果，也可以直接为其添加弹性表达式。

```
    freq = 2;
    decay = 7;
    n = 0;
    if (numKeys > 0){
        n = nearestKey(time).index;
        if (key(n).time > time) n--;
    }
    if (n > 0){
        t = time - key(n).time;
        amp = velocityAtTime
(key(n).time - .001);
        w = freq*Math.PI*2;
        value + amp*(Math.sin(t*w)/
Math.exp(decay*t)/w);
    }else
        Value
```

比例属性中的弹性表达式

```
    amp = 1;
    freq = 2.0;
    decay = 7.0;

    n = 0;
    if (numKeys > 0){
    n = nearestKey(time).index;
    if (key(n).time > time){
    n--;
    }}

    if (n == 0){ t = 0;
    }else{
    t = time - key(n).time;
    }

    if (n > 0){
    v = velocityAtTime(key(n).time -
thisComp.frameDuration/10);
    value + v*amp*Math.sin(freq*t*2*Math.
PI)/Math.exp(decay*t);
    }else{value}
```

旋转属性中的弹性表达式

这一步得到的效果如图 6-239 所示。

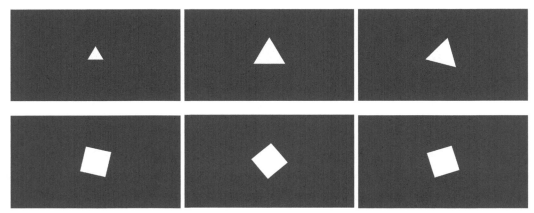

图 6-239　多边形形变效果

②　复制多边形。选中"多边星形 1"这个形状，按 <Ctrl+D> 快捷键，在同一图层中复制出第二个形状"多边星形 2"。这一步将要利用"多边星形 2"在"多边星形 1"内部做出一个镂空的正方形。去掉"多边星形 2"中点的关键帧，将其点数改为 4，使其成为正方形。

修改【变换：多边星形 2】中的比例和旋转参数的关键帧。将比例参数在 00:00:01:08 处调整为（0,0%），00:00:02:07 处调整为（100,100%），00:00:02:10 处调整为（121,121%）。将旋转参数在 00:00:01:12 处调整为（0°），00:00:01:24 处调整为（0x+200°），00:00:02:05 处调整为（0x+188°）。按住鼠标左键框选这两组关键帧，按 <F9> 键，对关键帧执行柔缓曲线，如图 6-240 所示。

③　合并路径。打开【添加】菜单，选择【合并路径】，为该图层添加合并路径效果，如图 6-241所示。将【合并路径 1】下方的模式调整为【相减】，如图 6-242 所示。则根据布尔运算，两个形状合并在一起，"多边星形 2"成为"多边星形 1"内部镂空的部分。

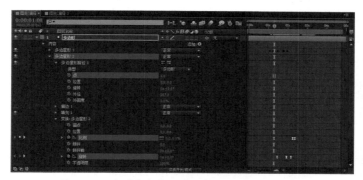

图 6-240 为"多边星形 2"添加比例和旋转关键帧

图 6-241 添加【合并路径】效果

图 6-242 相减模式

这一步得到的效果如图 6-243 所示。

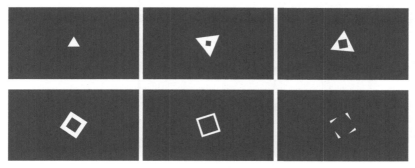

图 6-243 当前效果

4. 不规则形状的创建

① 创建不规则形状。使用【钢笔工具】 ，在合成窗口中制作出一个水滴的形状，如图 6-244 所示。

图 6-244 创建不规则形状

时间轴上出现了该形状图层，将其重命名为"水滴"。展开图层的【变换】菜单，为旋转参数设置关键帧。00:00:01:13 处调整为（0x+0°），00:00:02:11 处调整为（0x-269°）。按住鼠标左键框选这组关键帧，按 <F9> 键，对关键帧执行柔缓曲线，如图 6-245 所示。水滴将会绕着中间的多边形转动大约 3/4 圈。

图 6-245 为"水滴"图层添加旋转关键帧

选择形状的【变换：形状 1】菜单，使用【向后平移（锚点）工具】 ，将水滴的锚点移动到水滴的中心位置，以方便后续以水滴本身为中心，添加缩放关键帧，如图 6-246 所示。

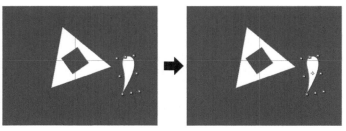

图 6-246 移动水滴形状的锚点

为【变换：形状 1】中的比例参数添加关键帧。将比例参数在 00:00:01:13 处调整为（0,0%），00:00:01:17 处调整为（141,141%），00:00:02:04 处调整为（141,141%），00:00:02:11 处调整为（0,0%）。按住鼠标左键框选这组关键帧，按 <F9> 键，对关键帧执行柔缓曲线，如图 6-247 所示。

图 6-247　为"水滴"形状添加比例关键帧

执行【效果→透视→投影】命令为"水滴"图层添加【投影】效果，【投影】的阴影颜色为（#FFE553），【投影 2】的阴影颜色为（#000000），其他参数如图 6-248 所示。

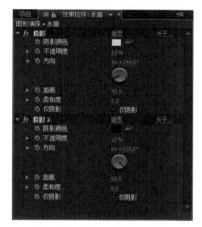

图 6-248　添加【投影】效果

这一步得到的效果如图 6-249 所示。

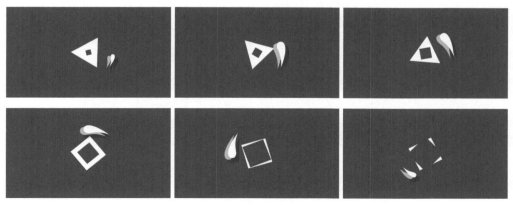

图 6-249　"水滴"运动效果

② 复制形状图层。选中"水滴"图层，按 <Ctrl+D> 快捷键，复制出图层"水滴 2"。修改"水滴 2"图层【变换】菜单中的旋转参数。将旋转参数在 00:00:01:13 处调整为（0x-119°），00:00:02:19 处调整为（-1x-97°）。按住鼠标左键框选这组关键帧，按 <F9> 键，对关键帧执行柔缓曲线，如图 6-250 所示。

图 6-250　复制"水滴"形状

这一步得到的效果如图 6-251 所示。

图 6-251　两个"水滴"运动效果

5. 利用中继器复制线条形状

① 创建线条。使用【钢笔工具】 ，在合成窗口中制作出一根线条，如图 6-252 所示。

图 6-252　创建线条

时间轴上出现该形状图层，将其重命名为"水滴"。将其填充效果关闭，将【描边宽度】设置为 12，将【线段端点】设置为圆头端点，如图 6-253 所示。

图 6-253　设置线段端点

② 利用中继器复制线条。打开【添加】菜单，选择【中继器】，为该线条形状添加中继器效果。中继器相当于一个复制器，能够以当前形状为母本创建多个相同的副本。中继器默认创建 3 个副本，如图 6-254 所示。

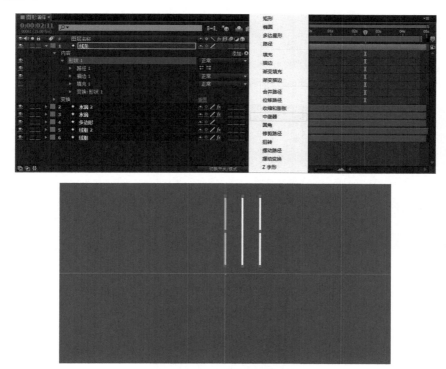

图 6-254　添加【中继器】效果

展开【中继器 1】菜单，将【副本】数量设置为 8。展开【变换：中继器 1】菜单，将【位置】设置为（0,0），【旋转】设置为（0x+45°），此处调整的是副本的变换属性，如图 6-255 所示。

③ 修剪线条路径。打开【添加】菜单，选择【修剪路径】，为该组线条添加修剪路径效果。为修剪路径中的开始和结束添加关键帧。将开始参数在 00:00:02:05 处调整为（90%），00:00:02:19 处调整为（0%）。将结束参数在 00:00:02:08 处调整为（90%），00:00:02:21 处调整为（0%）。按住鼠标左键框选所有关键帧，按 <F9> 键，对关键帧执行柔缓曲线，如图 6-256 所示。

图 6-255 调整【中继器】相关参数

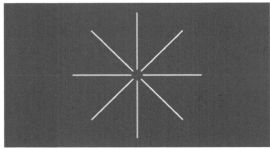

图 6-256 路径修剪

执行【效果→透视→投影】命令为该组线条添加【投影】效果，参数如图 6-257 所示。

图 6-257 添加【投影】效果

这一步得到的效果如图 6-258 所示。

图 6-258　当前效果

④ 复制形状图层。选中"线条"图层，按 <Ctrl+D> 快捷键，复制出图层"线条 2"。

修改"线条 2"图层【修剪路径】菜单中的开始和结束参数。将开始参数在 00:00:02:09 处调整为（100%），00:00:02:23 处调整为（0%）。将结束参数在 00:00:02:09 处调整为（100%），00:00:03:00 处调整为（0%）。按住鼠标左键框选这组关键帧，按 <F9> 键，对关键帧执行柔缓曲线，如图 6-259 所示。

图 6-259　"线条 2"路径修剪

执行【效果→透视→投影】命令为"线条 2"图层再次添加【投影】效果，参数如图 6-260 所示。

图 6-260　添加【投影】效果

这一步得到的效果如图 6-261 所示。

图 6-261　当前效果

⑤ 复制形状图层。选中"线条 2"图层，按 <Ctrl+D> 快捷键，复制出图层"线条 3"。

修改"线条 3"图层【修剪路径】菜单中的开始和结束参数。将开始参数在 00:00:02:13 处调整为（100%），00:00:03:02 处调整为（0%）。将结束参数在 00:00:02:13 处调整为（100%），00:00:03:04 处调整为（0%）。按住鼠标左键框选这组关键帧，按 <F9> 键，对关键帧执行柔缓曲线。展开图层的【变换】菜单，将【旋转】参数调整为（0x+21°），如图 6-262 所示。

图 6-262　为"线条 3"添加关键帧

这一步得到的效果如图 6-263 所示。

图 6-263　当前效果

6. 创建圆环

① 创建圆形。使用【椭圆工具】██，按住 <Shift> 键的同时，按住鼠标左键在合成窗口中拖曳出一个圆形。时间轴上出现了一个新的形状图层，将其重命名为"圆形"。

在工具栏中，将填充设置为无，描边宽度设置为 31 像素，描边颜色设置为白色。

在时间轴中，展开"圆形"图层下面的【内容】菜单，将【椭圆路径 1】的大小设置为（480,480）。将【变换：椭圆 1】中的锚点设置为（0,0），位置为（0,0），得到图 6-264 所示的效果。

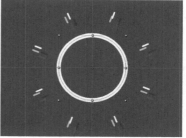

图 6-264　创建圆环

② 调整比例。为【变换：椭圆 1】中的比例参数添加关键帧。将比例参数在 00:00:02:14 处调整为（0,0%），00:00:03:04 处调整为（141,141%）。按住鼠标左键框选这组关键帧，按 <F9> 键，对关键帧执行柔缓曲线，如图 6-265 所示。

图 6-265　为圆环添加比例关键帧

③ 调整描边宽度。为【描边 1】中的【描边宽度】添加关键帧。将其参数在 00:00:02:14 处调整为 31，00:00:02:24 处调整为 45，00:00:03:04 处调整为 0。按住鼠标左键框选这组关键帧，按 <F9> 键，对关键帧执行柔缓曲线，如图 6-266 所示。

图 6-266　为【描边宽度】添加关键帧

执行【效果→透视→投影】命令为该组线条添加【投影】效果，参数如图 6-267 所示。

图 6-267　添加【投影】效果

④ 最终的效果如图 6-268 所示。

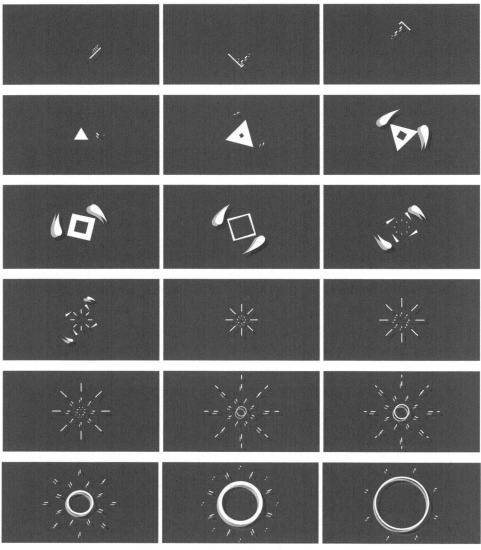

图 6-268　最终效果

6.4.3　MBE 风格小汽车动画

这个例子的主角是一个 MBE 风格的小汽车，我们将教会大家如何利用 After Effects 中的填充和描边效果制作出这种风格的动画作品。

1．准备工作

执行【文件→新建→新建项目】命令，建立新的项目。按 <Ctrl+N> 快捷键，新建合成，参数如图 6-269 所示。

图 6-269　新建合成

2．制作小汽车车身

① 使用【圆角矩形工具】█ 创建一个圆角矩形，无填充，描边颜色为（#26120B），宽度为 9。将图层命名为"主体"，内容命名为"车框"，参数设置如图 6-270 所示。

② 单击鼠标右键将"车框"的矩形路径转换为贝塞尔曲线路径，使用【选取工具】▶ 和【转换顶点工具】▷ 调整成图 6-271 所示的形状。

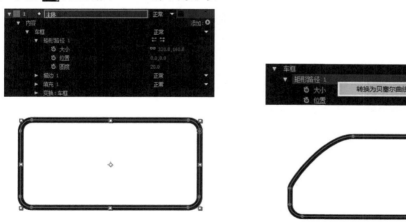

图 6-270　创建圆角矩形　　　　　　　　图 6-271　调整"车框"路径

③ 展开【描边 1】菜单，单击【虚线】右边的"+"号，将"车框"变成虚线，并在偏移属性中添加关键帧，起始点设置数值为 643，在 00:00:02:00 处设置数值为 889，如图 6-272 所示。

图 6-272　添加偏移关键帧

TIPS

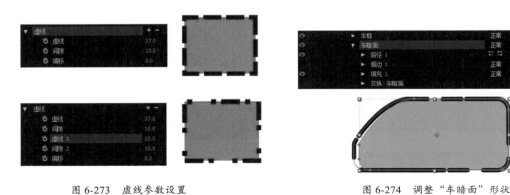按钮可以增加虚线和间隔的数量，调整属性后的数值可以控制虚线的长度和间隙的大小，如图 6-273 所示。

④ 将"车框"复制一层，置于"车框"下方，命名为"车暗面"，设置填充颜色为（#2DBDD3），无描边。使用【选取工具】和【转换顶点工具】调整形状，让车头向内缩一截，使空白部分有种高光的感觉，如图 6-274 所示。

图 6-273　虚线参数设置　　　　　　　　　　图 6-274　调整"车暗面"形状

⑤ 将"车暗面"复制一层命名为"车填充"，设置填充颜色为（#33E5FF），使用【选取工具】和【转换顶点工具】调整形状，使车尾向前缩短一截，如图 6-275 所示。

3. 制作车灯

仍然在"主体"图层下，使用【圆角矩形工具】新建一个圆角矩形，填充颜色设置为（#FC3424），描边颜色设置为（#26120B），单击鼠标右键转换为贝塞尔曲线路径，调整为图 6-276 所示的形状，添加在车头处。

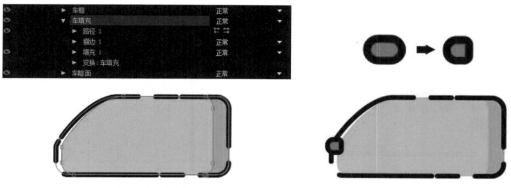

图 6-275 调整"车填充"形状

图 6-276 制作车灯

4. 制作窗户

① 使用【圆角矩形工具】 ▢新建一个圆角矩形，命名为"左窗框"。无填充，描边颜色为（#26120B），宽度为 9。使用【选取工具】 ▸和【转换顶点工具】 ▸，调整成图 6-277 所示的形状。

② 展开【描边 1】菜单，单击【虚线】右边的"+"号，将"左窗框"变成虚线，设置图 6-278 所示的参数。

图 6-277 调整"左窗框"形状

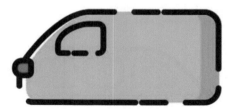

图 6-278 将"左窗框"转换为虚线

③ 将"左窗框"复制一层，命名为"左窗填充"，置于"左窗框"下方，设置填充颜色为（#535353），无描边。使用【选取工具】 ▸和【转换顶点工具】 ▸调整形状，如图 6-279 所示。

④ 再将"左窗框"复制一层，命名为"左窗高光"，置于"左窗填充"下方，设置填充颜色为（#FFFFFF），无描边，如图 6-280 所示。

⑤ 利用同样的方法做出其他两个车窗，如图 6-281 所示。

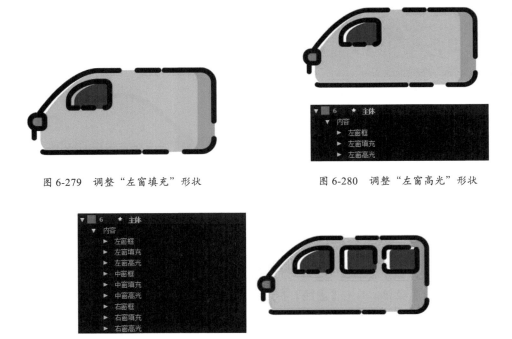

图 6-279 调整"左窗填充"形状　　　　　　　　图 6-280 调整"左窗高光"形状

图 6-281 其他车窗效果

5. 制作车把手和分割线

① 使用【钢笔工具】 ✎ 新建两条路径，无填充，描边颜色为（#26120B），宽度为 9。分别命名为"把手"和"分割线"，如图 6-282 所示。

② 在"分割线"的描边属性中添加虚线，为偏移属性添加关键帧，起始点设置数值为 203，在 00:00:02:00 处设置数值为 −165。虚线的其他参数及效果如图 6-283 所示。

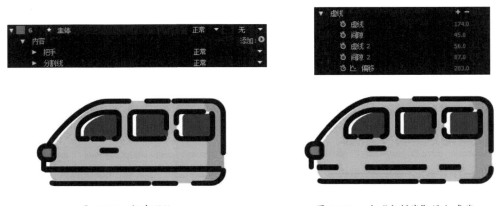

图 6-282 新建形状　　　　　　　　　　图 6-283 为"分割线"添加虚线

6. 制作车轮

① 使用【椭圆工具】 ⬭ ，按住 <Shift> 键建立一个圆形，命名为"左轮框"，描边颜色及宽度同上，如图 6-284 所示。

② 在"左轮框"的描边属性中添加虚线，为偏移属性添加关键帧，起始点设置数值为 224，在 00:00:02:00 处设置数值为 634。虚线的其他参数及效果如图 6-285 所示。

图 6-284 新建形状

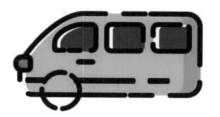

图 6-285 为"左轮框"添加虚线

③ 将"左轮框"复制一层，命名为"左轮高光"，内容置于"左轮框"下方，设置填充颜色为（#FFFFFF），无描边，如图 6-286 所示。

④ 再将"左轮框"复制一层，命名为"左轮暗面"，内容置于"左轮框"下方，设置填充颜色为（#AEA128），无描边。使用【选取工具】和【转换顶点工具】调整形状，如图 6-287 所示。

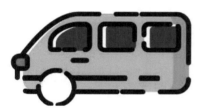

图 6-286 调整"左轮高光"形状

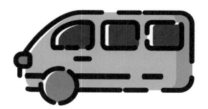

图 6-287 调整"左轮暗面"形状

⑤ 将"左轮暗面"复制一层，命名为"左轮填充"，置于"左轮框"下方，设置填充颜色为（#F0DF40），无描边。使用【选取工具】和【转换顶点工具】调整形状，如图 6-288 所示。

⑥ 使用【椭圆工具】，按住 <Shift> 键建立一个圆形，命名为"左轮内"，填充颜色为（#26120B），无描边，整体效果及内容排序如图 6-289 所示。

图 6-288 调整"左轮填充"形状

图 6-289 左车轮整体效果

⑦ 使用同样的方法制作出右边车轮，如图 6-290 所示。

7. 制作小车倒影

① 将"主体"图层复制一层，命名为"倒影"，如图 6-291 所示。

图 6-290　右车轮整体效果

图 6-291　复制出"倒影"图层

② 选中"倒影"图层，单击鼠标右键，从弹出的菜单中选择【变换→垂直翻转】，调整汽车的位置，效果如图 6-292 所示。

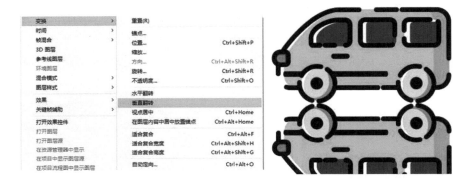

图 6-292　垂直翻转

③ 将"倒影"图层的不透明度调整为 40%，如图 6-293 所示。

8. 制作小车尾线

① 使用【钢笔工具】建立一个新图层，命名为"尾线"，如图 6-294 所示。

图 6-293　调整不透明度

图 6-294　新建形状图层

② 使用【钢笔工具】 建立一条直线,命名为"形状 1",无填充,描边颜色设置为（#10858F）,设置参数如图 6-295 所示。展开【描边 1】菜单,单击【虚线】右边的"+"号,将"形状 1"变成虚线,为偏移属性添加关键帧,起始点设置数值为 122,在 00:00:02:00 处设置数值为 -560。

③ 同样在"尾线"图层中使用【钢笔工具】 建立一条直线,命名为"形状 2",无填充,描边颜色设置为（#10858F）,设置参数如图 6-296 所示。展开【描边 1】菜单,单击【虚线】右边的"+"号,将"形状 2"变成虚线,为偏移属性添加关键帧,起始点设置数值为 70,在 00:00:02:00 处设置数值为 -727。

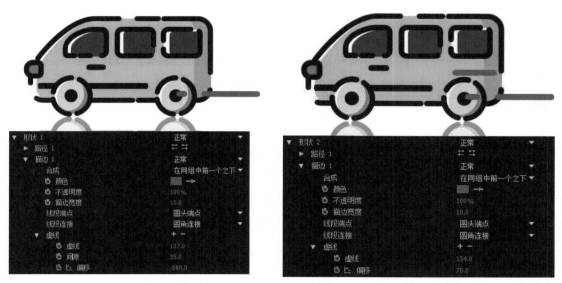

图 6-295　设置"形状 1"参数　　　　　图 6-296　设置"形状 2"参数

④ 在"尾线"图层中使用【钢笔工具】 建立一条直线,命名为"形状 3",无填充,描边颜色设置为（#10858F）,设置参数如图 6-297 所示。展开【描边 1】菜单,单击【虚线】右边的"+"号,将"形状 3"变成虚线,为偏移属性添加关键帧,起始点设置数值为 325,在 00:00:02:00 处设置数值为 -739。

图 6-297　设置"形状 3"参数

9. 制作路边小树

① 为了表现出小车前进的动态,我们需要制作一棵路边小树作为参照物。参考汽车的制作过程,画出小树的形状,描边颜色为(#10858F),树叶颜色为(#85DC63),树干颜色为(#FEA92F),如图6-298所示。

图 6-298　小树形状

② 为小树的位置属性添加关键帧,起始点设置数值为(-62,313),在00:00:01:00处设置数值为(1 370,313),数值仅供参考,具体位置参考图6-299。

③ 为了增强行进的感觉,我们在背景中多加一棵树,将"树"图层复制一层,为其位置属性添加关键帧,在00:00:00:20处设置数值为(-62,313),在00:00:02:00处设置数值为(1 370,313),数值仅供参考,具体位置参考图6-300。

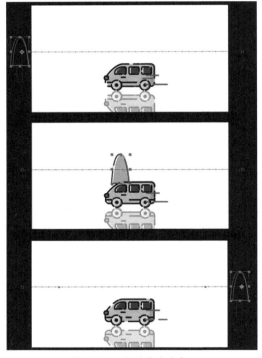

图 6-299　小树移动路线

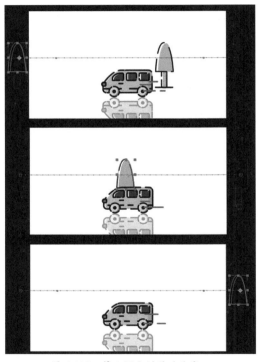

图 6-300　第 2 棵小树移动路线

整个 MBE 风格的小车就制作完成了,最终效果如图 6-301 所示。

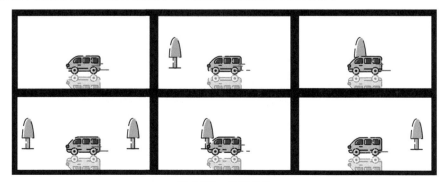

图 6-301　最终效果

6.4.4　角色面部嘴型动画

严格来讲，嘴型动画应该算是角色动画的一部分。由于嘴巴的张合、眼睛的睁闭都要用到本节讲述的形状图层和蒙版的相关技术，因此我们在这里向大家介绍角色面部嘴型动画的具体制作方法。

1. 准备工作

① 执行【文件→新建→新建项目】命令，建立新文件。按 <Ctrl+N> 快捷键新建合成，命名与参数如图 6-302 所示。

② 设置背景颜色。执行【图层→新建→纯色】命令，将该图层命名为"BG"，颜色设置为（#FFC30D），生成黄色背景，如图 6-303 所示。

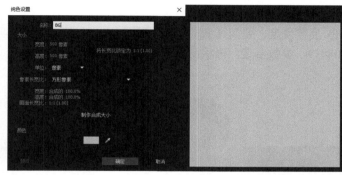

图 6-302　新建合成　　　　　　　　　　　　图 6-303　新建纯色图层

2. 制作头部

① 制作脸型。使用【圆角矩形工具】■新建一个圆角矩形，命名为"脸"，颜色为（#FF964A），参数设置如图 6-304 所示。

图 6-304　新建脸部形状

鼠标右键单击"矩形路径 1"，将其转换为贝塞尔曲线路径，即将形状转换为可以编辑的路径，这样就可以随意调整路径的形状，并且可以添加关键帧进行变形动画的制作，如图 6-305 所示。

图 6-305　转换为贝塞尔曲线

② 制作发型。选中"头"图层，使用【圆角矩形工具】■新建一个圆角矩形，命名为"头发 1"，颜色为（#4F0801），参数设置及位置如图 6-306 所示。

图 6-306　新建头发

鼠标右键单击"矩形路径 1"，将其转换为贝塞尔曲线路径，即将形状转换为可以编辑的路径，使用【钢笔工具】 在路径上添加或删除锚点，并使用【选取工具】 移动锚点，调整路径形状，如图 6-307 所示。

③ 完善发型。使用【椭圆工具】 新建 2 个椭圆形，命名为"头发 2"和"头发 3"，颜色为（#4F0801），参数自定，形状及位置如图 6-308 所示。

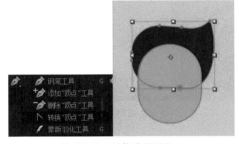

图 6-307　调整路径形状

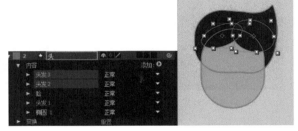

图 6-308　完善发型

3. 制作耳机

使用【圆角矩形工具】 新建一个圆角矩形，命名为"耳机 1"，颜色为（#7C48FF），参数设置及位置如图 6-309 所示。

图 6-309　新建耳机

使用【圆角矩形工具】 新建一个圆角矩形，命名为"耳机 2"，颜色为（#DFDDD8），参数设置及位置如图 6-310 所示。

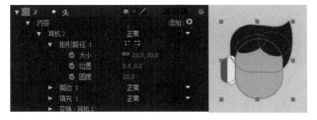

图 6-310　制作耳机细节

使用同样的方法，做出右边的耳机，如图 6-311 所示。

使用【钢笔工具】 ✎ 制作一条曲线，将其命名为"连接"，无填充，描边颜色为（#331384），宽度为 10 像素，形状及位置如图 6-312 所示。

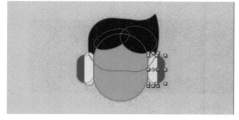

图 6-311 制作另一只耳机

图 6-312 制作耳机连接部分

头部和耳机制作完成，形状顺序及路径如图 6-313 所示。

图 6-313 头部整体效果

4. 制作眼睛

① 制作角色的眼睛。使用【椭圆工具】 ⬭ 新建一个"左眼珠"形状图层，参考头部的制作方法，制作出眼珠。黑眼珠颜色为（#010101），蓝眼珠颜色为（#59DEFF），如图 6-314 所示。

使用【椭圆工具】 ⬭ 新建一个圆形，填充颜色为白色，命名为"左眼白"，将图层放置于左眼珠图层下方，如图 6-315 所示。

图 6-314 制作左眼珠

图 6-315 制作左眼白

选中"左眼珠"和"左眼白"图层，按 <Ctrl+D> 快捷键复制得到新图层，命名为"右眼珠"和"右眼白"，把两个图层移动到合适位置，并把"左眼珠"与"右眼珠"链接为父子级，如图 6-316 所示。

图 6-316 链接左右眼珠父子级

② 制作眼珠转动的动作。在"右眼珠"位置属性添加上关键帧，参考图 6-317 中的位置和时间点。

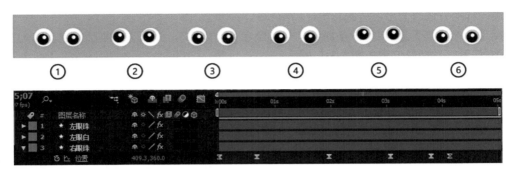

图 6-317　添加眼珠转动关键帧

③ 制作眨眼动画。使用【椭圆工具】新建一个椭圆形,填充颜色与面部颜色相同(#FF964A),命名为"左遮罩",将图层放置于眼白图层下方,形状如图 6-318 所示。

图 6-318　制作遮罩

设置"左遮罩"下的缩放属性,取消缩放约束比例,在睁眼时设置数值为(100%,66%),闭眼时设置数值为(100%,0%),这样 3 个关键帧就可以合成一个眨眼动作。复制关键帧就可以增加眨眼的次数,调整关键帧之间的距离就可以控制眨眼的速度,如图 6-319 所示。

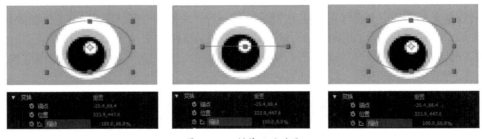

图 6-319　制作眨眼动画

在效果和预设面板中,搜索【设置遮罩】效果,添加到"左眼珠"和"左眼白"图层中。然后在【从图层获取遮罩】选项中选择【左遮罩】,效果如图 6-320 所示。

用同样的操作,对右眼进行制作,效果如图 6-321 所示。

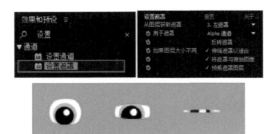

图 6-320　添加【设置遮罩】效果

图 6-321　制作右眼眨眼动画

使用【椭圆工具】 ⬭ 新建一个圆形，颜色设置为（#EF761F），命名为"左眼皮"，将椭圆路径转化为贝塞尔曲线，并删除下端的锚点，形成一个近似半圆的路径，如图 6-322 所示。

图 6-322　制作左眼皮

复制"左眼皮"，重命名为"右眼皮"，将眼皮图层置于所有眼睛图层的下方，图层顺序及最终的眨眼效果如图 6-323 所示。

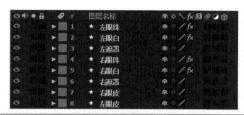

图 6-323　图层顺序和最终眨眼效果

TIPS

正常人眨眼的频率为每分钟 10～20 次，每一次眨眼的时间为 0.2～0.4 秒，每次眨眼间隔 4～5 秒。

5. 制作眉毛

① 制作角色的眉毛。使用【圆角矩形工具】 ⬛ 制作角色的眉毛，如图 6-324 所示。

在"位置"和"旋转"属性上添加关键帧，可以调整关键帧的参数及距离，请参考图 6-325 所示的眉毛角度、位置及关键帧的间隔时长。

图 6-324　制作眉毛

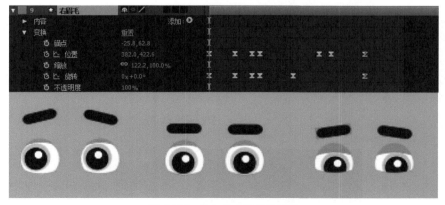

图 6-325　添加眉毛运动关键帧

② 将所有的眼睛和眉毛的图层选中，单击鼠标右键设置为预合成，重命名为"眼睛眉毛"，如图 6-326 所示。当前效果如图 6-327 所示。

图 6-326 预合成眉毛和眼睛

图 6-327 当前效果

6. 制作嘴巴

① 制作嘴巴的形状。使用【椭圆工具】 ◯ 新建一个圆形，颜色设置为（#783630），命名为"嘴巴"。将椭圆路径转化为贝塞尔曲线，调整形状，如图 6-328 所示。

图 6-328 制作嘴巴

② 制作牙齿和舌头。使用【椭圆工具】 ◯ 制作出牙齿和舌头的形状，颜色分别是（#FFFFFF）和（#E75151），如图 6-329 所示。

图 6-329 制作牙齿和舌头

在"牙舌头"图层中添加【设置遮罩】效果，在【从图层获取遮罩】中选择【嘴巴】，如图 6-330 所示。

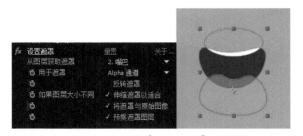

图 6-330 添加【设置遮罩】效果

③ 制作嘴型动画。根据角色说话的内容，在"嘴巴"图层上改变路径形状，并设置关键帧，就完成了嘴型的动态制作，如图 6-331 所示。

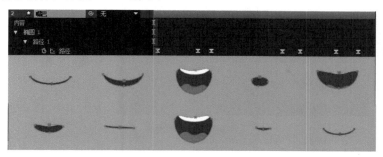

图 6-331　制作嘴型动画

④ 将"牙舌头"和"嘴巴"图层选中，单击鼠标右键设置为预合成，重命名为"嘴巴"，如图 6-332 所示。

7. 制作鼻子

制作鼻子的形状。使用【椭圆工具】■新建一个圆形，颜色设置为（#BC682B），命名为"鼻子"，将椭圆路径转化为贝塞尔曲线，调整形状，如图 6-333 所示。

图 6-332　预合成嘴巴

图 6-333　制作鼻子

8. 调整脸型

当嘴型变化时，面部的形状也会跟着变化。所以我们在"头"图层的内容中找到"脸"，根据嘴型变化，调整面部的锚点，添加关键帧，如图 6-334 所示。

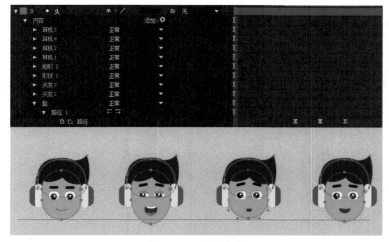

图 6-334　调整脸型

9. 制作摇头动作

制作角色摇头的动作。执行【图层→新建→空对象】命令，新建一个空白对象，将其命名为"操控"。使用【向后平移（锚点）工具】，将空白对象的锚点移动至图 6-335 所示的位置。

图 6-335 移动锚点

将"嘴巴""鼻子""眼睛眉毛""头"等图层与"操控"链接为父子级关系，如图 6-336 所示。

图 6-336 链接父子级

在"操控"的旋转属性中修改数值，添加关键帧，让头部随着节拍左右晃动，参考图 6-337 所示的关键帧设置。

图 6-337 添加旋转关键帧

整个戴着耳机唱歌的人物形象就完成了，最终效果如图 6-338 所示。

图 6-338 最终效果

第7章

后期剪辑

后期剪辑是将前面制作完成的单个动画镜头，按照配音或者分镜头脚本组接在一起，然后为其添加合适的音乐、音效和字幕，渲染输出成完整的作品。尽管图形的动作在前面已经调试完毕，这一步也会严格地遵循前期已经设定好的脚本和文案进行剪辑，但是这项工作并不是简单的、机械化的组装和拼接，而是对作品进行更加丰富的二次创作。把握全片的整体风格，调整剪辑的节奏，设置合理的转场与恰到好处的音乐，巧妙地运用剪辑技巧和特效，将使作品呈现出不一样的风貌和效果。

7.1 After Effects 中的渲染和输出

当 After Effects 中的动画制作完成后，就需要将其输出成一个个单独的动画片段。After Effects 能够以多种格式进行输出，我们可以自由定义影片渲染时的压缩方案，其参数设置决定了视频的质量。

试一试：我们将通过简单的几个步骤告诉大家如何渲染输出动画。

① 在项目面板或者时间轴上选择需要渲染输出的合成。执行命令【合成→添加到渲染队列】，如图 7-1 所示。时间轴上出现渲染队列面板，如图 7-2 所示。

图 7-1 添加到渲染队列

图 7-2 渲染队列

②　调整渲染设置。渲染队列面板中显示了当前的相关参数。单击【渲染设置】右侧的文本，弹出【渲染设置】对话框，如图 7-3 所示，可以重新设置里面的渲染参数。

③　设置输出模块。单击渲染队列面板中【输出模块】右侧的文本,弹出【输出模块设置】对话框，如图 7-4 所示。输出模块包括了渲染影片的音频和视频输出格式，以及视频压缩选项。

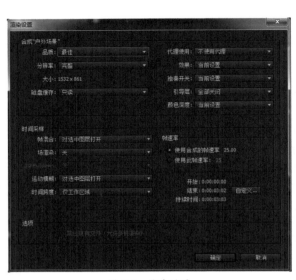

图 7-3　渲染设置

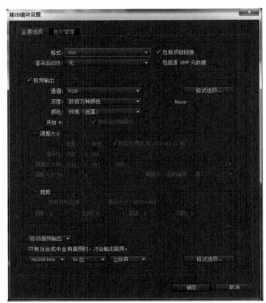

图 7-4　输出模块设置

TIPS

从 After Effects 中输出动画时，除了可以设置成 AVI、MOV 等常见的视频格式外，还可以将其设置为图像序列。渲染图像序列时，如果渲染失败，可以从出错的地方继续开始渲染，而渲染视频如果出错，则需要从头开始重新渲染。同时，输出图像序列，可以保留一些特殊的信息，便于后面的制作。例如，PNG 图片采用的是无损压缩，可以重复保存且不降低图像质量，更关键的一点是，它支持 Alpha 通道，能够支持图像的透明效果，如图 7-5 所示。

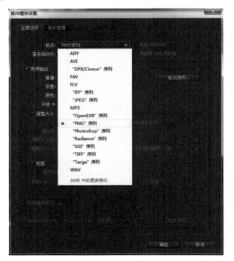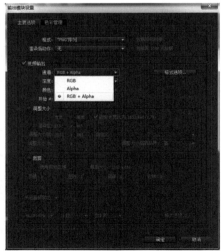

图 7-5　设置图像序列

图像序列的缺点是无法在播放器上观看效果，因此大家需要根据项目的实际情况选择以图像序列还是视频格式输出。

④ 调整输出路径。单击渲染队列面板中【输出到】右侧的文本，弹出【将影片输出到】对话框，如图 7-6 所示，可以选择输出文件的保存位置。

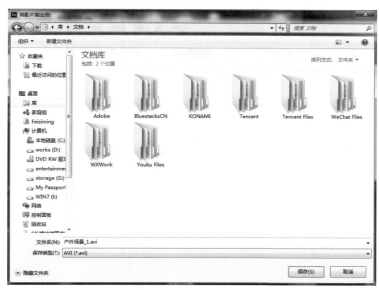

图 7-6　输出路径

⑤ 渲染输出。各项参数设置完毕，就可以单击渲染队列面板右上角的【渲染】按钮进行渲染输出了，如图 7-7 所示。

图 7-7　渲染输出

7.2　Premiere 中的剪辑与合成

从 After Effects 中渲染输出单独的动画片段后，就可以把这些镜头和音乐、音效、配音及其他需要的素材通通放进非线性编辑软件，进行整合处理。Final Cut Pro、Premiere、Edius 等软件都是不错的选择，在本节中我们将使用 Premiere 进行后期剪辑。

7.2.1　剪辑的原则

前面提到，在 Premiere 中把动画片段、音乐、配音等进行整合处理是一种二次创作。一方面要严格遵循设定好的脚本和文案，另一方面要对素材进行更加细致的剪辑和调整。尽管作品的类型、创作者的风格都有所不同，但是在利用 Premiere 对 MG 动画进行后期剪辑时，都应该遵循一定的规律和原则。

1．声画匹配

如果 MG 动画需要旁白配音，那么后期剪辑的一个很重要的作用，就是将图像和声音素材按照脚本和文案拼合在一起。在这个过程中，我们要注意最基本的原则就是要时刻检查动画是否与配音同步。完全匹配的声音与画面，才能够更加准确地传递信息，给观众带来良好的视觉体验。

2．保持连贯

MG 动画在有限的时间内承载了大量的信息，画面元素之间每时每刻都在发生转换和变化，这就需要我们利用后期剪辑来抹去剪辑的痕迹。简单点说，就是利用剪辑技巧、合理的转场和适当的音效，让片子一气呵成、一播到底。让观众观看时，感受到的是流畅的叙事表达、连贯的画面，而不会"跳戏"和被打断。

3．把握节奏

MG 动画的一大特点是运动。运动的美感不仅仅来自画面内部图形元素规律的变化，还来自镜头与镜头之间的组接和切换。画面中，长短不同、景色各异的镜头通过不同的方式组接在一起，能产生一种律动感和节奏感，而剪辑则是把握节奏的一个关键性步骤。尽管 MG 动画的画面元素的变换普遍都较快，但是一味地快并不能产生节奏感。快慢得当、张弛有度才有急促与舒缓的变化，才能产生节奏感和律动感。

7.2.2 剪辑的流程

试一试：下面让我们一起来看看 Premiere 中的剪辑流程。

① 新建项目和序列。打开 Premiere，单击【新建项目】按钮，在【新建项目】对话框中指定项目名称和存储位置。然后从【新建序列】对话框中，选取一个相应的文件预设，新建一个合适的序列，如图 7-8 所示。进入 Premiere 工作界面，如图 7-9 所示。

图 7-8 新建项目和序列

② 导入素材。执行【文件→导入】命令，将 After Effects 输出的视频、图像序列、音乐、音效、配音及其他素材导入 Premiere 中，如图 7-10 所示。

TIPS

如果 After Effects 中渲染输出的是图像序列，那么在导入 Premiere 时，需要选中序列里的第一帧，然后勾选【图像序列】复选框，该组序列帧才将以一段完整的视频文件的形式被导入 Premiere 里。最后就可以将其拖放到视频轨道上，进行后续的编辑。

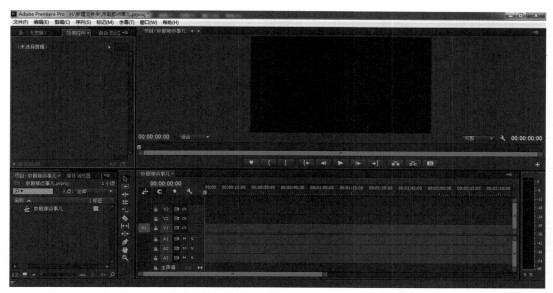

图 7-9 Premiere 工作界面

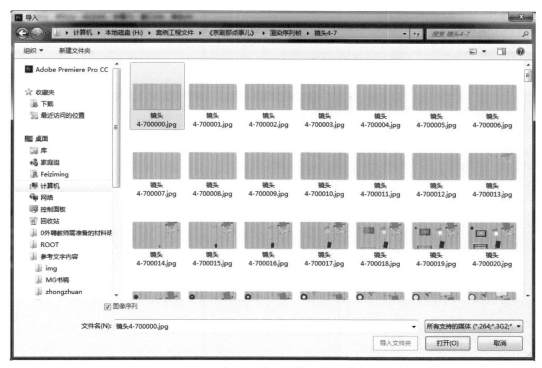

图 7-10 导入图像序列

③ 选择工具，进行剪辑。把导入的动画片段和配音拖放到时间轴的视频、音频轨道中进行编辑处理。Premiere 的工具栏提供了多个工具帮助我们编辑素材，如图 7-11 所示。其中【剃刀工具】（快捷键 <Ctrl+K>）可以将视频和音频切断，去除掉多余的部分，如图 7-12 所示；而【比率拉伸工具】则可以调整素材的播放速度，有快放、慢放及倒放 3 种选择，也可以按快捷键 <Ctrl+R>在弹出的【剪辑速度 / 持续时间】对话框中进行调整，如图 7-13 所示。图 7-14 所示为素材剪辑界面。

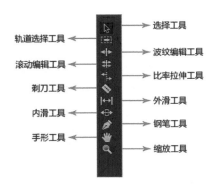

图 7-11　工具栏

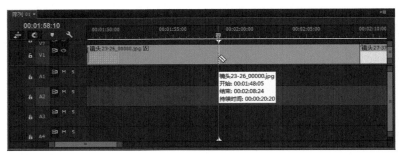

图 7-12　【剃刀工具】

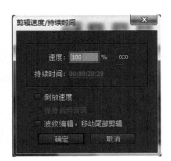

图 7-13　调整速度

图 7-14　剪辑素材

④ 添加转场。当单独的动画段落按照配音或者文案排列剪辑完成以后，就需要考虑连贯性的问题。很多时候前后两段动画场景、配色、动作等完全不一样，连接在一起比较生硬，就需要考虑为这两段动画增添过渡效果，让画面更加流畅自然。第 4 章提到了 MG 动画中常用的转场手法，即段落与段落、场景与场景之间的过渡或转场，需要经过前期编排设计。在 After Effects 中制作动画时，转场效果就可同时制作完成，有的也可以在 Premiere 中添加完成。

TIPS

在 Premiere 中添加转场效果，主要有两种不同的处理方法。

第一种：添加视频过渡特效。

在 Premiere 的效果面板中有自带的视频过渡效果，如图 7-15 所示。这些效果已经预设好了参数，可以将它们放置在两段视频的衔接处，然后在效果控件面板中调整相应的参数，如图 7-16 所示。

图 7-15　视频过渡

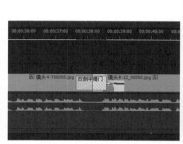 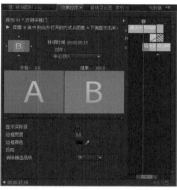

图 7-16　添加视频过渡特效

几种常见的视频过渡效果如图 7-17、图 7-18、图 7-19、图 7-20 所示。

图 7-17　【双侧平推门】效果

图 7-18　【楔形擦除】效果

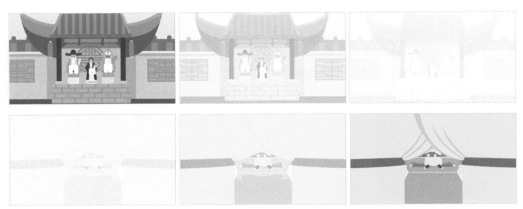

图 7-19 　【渐隐为白色】效果

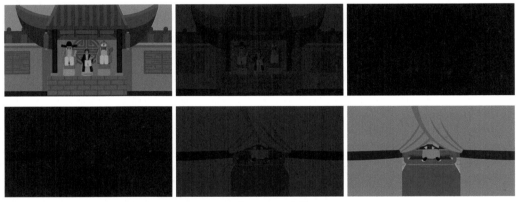

图 7-20 　【渐隐为黑色】效果

第二种：利用装饰图形转场。

除了 Premiere 自带的视频过渡特效，我们还可以利用 Photoshop 或者 After Effects 中的形状图层制作一些额外的图形用来转场。图形可以是线条、色块等各种不同的形状，都带有 Alpha 透明通道，如图 7-21 所示。这些图形本身不传递任何信息，它们被放置在两个动画片段的连接处（如图 7-22 所示），作用是转移观众的视线，让场景的转换显得更加流畅自然，如图 7-23 所示。

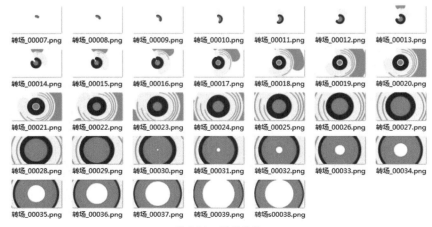

图 7-21 　图形转场

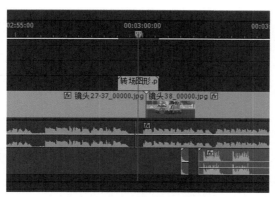

图 7-22　转场图形的放置

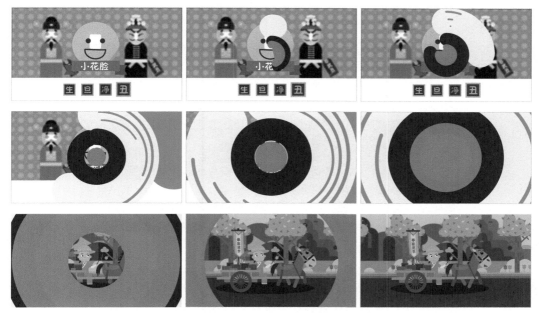

图 7-23　图形转场的最终效果

⑤ 添加字幕。接下来就可以根据文案或配音，为画面添加字幕。执行【字幕→新建→默认静态字幕】命令新建字幕，如图 7-24 所示。在弹出的字幕编辑对话框中，可以设置字体、颜色、字号等参数，如图 7-25 所示。

⑥ 添加音乐和音效。剪辑完成以后，还需要为画面添加合适的音乐和音效，尤其是音效，如图 7-26 所示。MG 动画中的图形元素一直处于有规律的变化和运动中，为某一个特定的变化添加相应的音效，会让动画变得更加生动有趣，增加动画的吸引力，这是 MG 动画制作过程中必不可少的一步。

图 7-24　新建字幕

⑦ 渲染输出。所有的素材都处理完毕以后，就可以执行【文件→导出→媒体】命令，在弹出的【导出设置】对话框中，对格式、比特率、输出路径、名称等参数进行设定，然后等文件导出完毕就大功告成了，如图 7-27 所示。

图 7-25　添加字幕

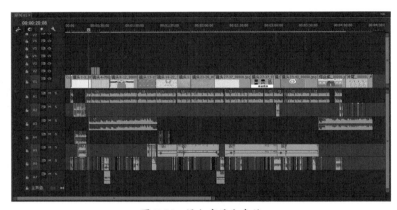

图 7-26　添加音乐和音效

图 7-27　渲染输出

第8章

商业案例赏析

在本章中，我们将会看到鲸梦文化、LxU、蛮牛等国内 MG 动画公司制作的优秀案例。选取的这几个案例或是传播范围较广，有着超高的点击率；或是制作精良，代表着行业内的高水准；或是 MG 动画领域内的一些新尝试。由于制作周期、客户需求、技术手段等不同，每个案例的实际制作流程不尽相同，但希望这些案例背后的创意思路和主要操作步骤能帮助大家了解真实商业案例的制作手法。

同时，本章还采访了鲸梦文化、LxU、蛮牛三家公司的创始人，他们将从行业现状、个人发展、制作技术等几个方面来谈谈对 MG 动画的看法，并给出中肯的意见和建议。相信这些来自一线行业大咖的答疑解惑，能为大家带来更多方向上的指引。

8.1　鲸梦文化案例

项目名称：Hero Hug

项目概述

《超能陆战队》（*Big Hero 6*）是迪士尼与漫威联合出品的第一部动画电影，在北美和中国上映后，大白的暖心形象俘获了许多观众的心。为使大白的形象在内地具备持续的品牌影响力，鲸梦文化受邀策划了这支 MG 动画——*Hero Hug*。

Hero Hug 讲述了一个女孩与大白之间的暖心故事。女孩是一个普通的都市上班族，她普通得就像我们自己，或者我们身边的朋友，过着和我们一样的生活——挤地铁、上班、相亲、淋雨、感冒、过生日……MV 的前后两段，场景几乎一致，正如我们日复一日的生活。唯一的区别就是，前面部分都有大白及时出现，温暖她、守护她；而后半部分，不再有大白，代替大白的是同事、朋友和那个他，但大白却又无处不在。我们才知道，大白只是女孩孤独无依时的幻觉，而我们身边的人，都会如大白一般给我们带来温暖。

画面风格富有浓郁的迪士尼气息，整体不失大气，细节描绘也足见用心。歌曲旋律优美，清新中带有一丝"治愈"。本片最大的特点是在平面设计方面，没有采用常见的扁平化设计。画面风格更加倾向于传统手绘动画，但角色动作却不是利用添加中间画的方式制作的，而是在 After Effects 中制作完成的。将手绘风格引入 MG 动画中，两者相结合使得场景更加逼真、画面更加流畅。

制作公司：鲸梦文化

项目时长：3 分钟

制作周期：2 个月

人员名单

导演 & 制片：高子晴、冯思斯

制片助理：施博文

执行分镜：冯思斯、张康

美术设定：李欢、刘振涛

逐帧动画：刘瑞、崔戴祺、张康

MG 动画：钱政、谢丹萍、于培、牛琦、冯思斯

原创音乐 & 演唱：邓镝

歌词：邢禹婷

创意草图如图 8-1 所示。

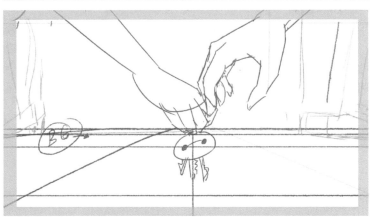

图 8-1　*Hero Hug* 创意草图

角色设定如图 8-2 所示。

图 8-2 *Hero Hug* 角色设定

场景设定如图 8-3 所示。

图 8-3　*Hero Hug* 场景设定

分镜头脚本如表 8-1 所示。

表 8-1　*Hero Hug* 分镜头脚本（部分）

镜头序号	画面	时长	镜头运动	音效	备注
1. M(24FPS)		4"08	向右缓慢移动，到艾雪处停下	地铁中的嘈杂声、脚步声、地铁驶进声	Crowd
2. M		2"18		嘈杂声、脚步声、地铁门开门的警示声、门开的声音	

镜头序号	画面	时长	镜头运动	音效	备注
3. M		2"09		嘈杂声、脚步声	Crowd
4. M+A		1"21		弱的嘈杂声、弱的脚步声、地铁关门警示声、地铁关门的声音、女主惊醒的声音、高跟鞋踩地的声音	Crowd
5. M+A		4"20		更弱的嘈杂声、更弱的脚步声、地铁完全关门的声音、地铁发动开车声、女主高跟鞋踩地、女主叫一声	Crowd
6. A		1"16		微弱的嘈杂声、微弱的脚步声、地铁开走的声音、高跟鞋声音、撞到大白的声音	
7. M+A		3"11		与大白摩擦的声音	
8. M		5"20			
9. M		2"22			
10. M		2"09			Crowd

注：本片的帧率是24帧/秒，表格中标注的时长，如4"08代表该镜头的时长为4秒8帧。

最终效果如图 8-4 所示。

图 8-4　*Hero Hug 最终效果*

8.2　LxU 案例

项目名称：大胆 opening

项目概述

本次项目服务的客户是广告门网站。广告门作为"广告、营销、创意、设计"的门户，为了报道更加前卫的创作与创造者，以及创作更新锐的产品，在 2017 年开设了子品牌栏目"大胆"。

LxU 负责为"大胆"设计全新的视觉形象，使全新品牌能被用户更好地识别。项目中以"大胆"两个字的字体为主体，用空间不断交融的趣味方式来呈现。

形象延展动画《大胆 opening》作为线下活动的开场视频，以及线上的推广展示视频，将"大胆"背后的鼓励的精神内核呈现出来。在制作上，该动画延续了与主视觉相同的视觉表现手法，通过图形与空间的巧妙转场与连接，将"视野、火花、攀登、舞台"等概念意象化地呈现出来。

制作公司：LxU Studio

项目时长：33 秒

制作周期：45 天

人员名单

导演 /Director ：李雨 /Levi

艺术导演 /Art Director ：魏婷婷 /Una

设计 /Design ：余思阳 /Ze21

动画导演 /Animation Director：王英飞 /BigF

动画 /Animation： 李晓宇 /Alan

分镜头脚本如图 8-5 所示。

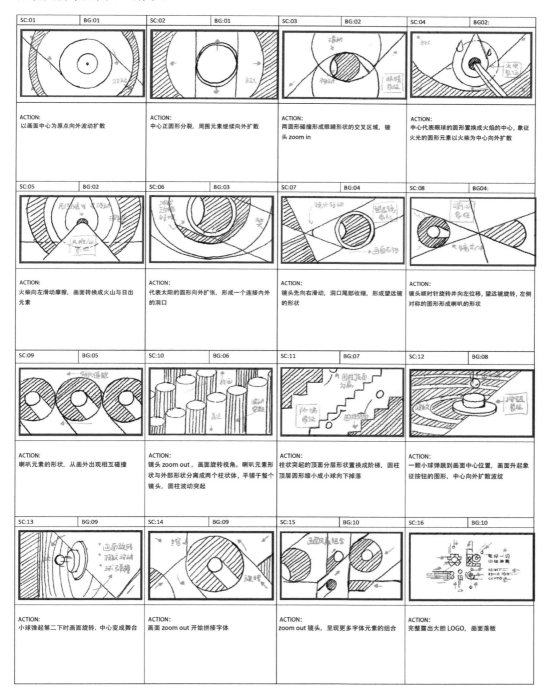

图 8-5 《大胆 opening》分镜头脚本

设计稿如图 8-6 所示。

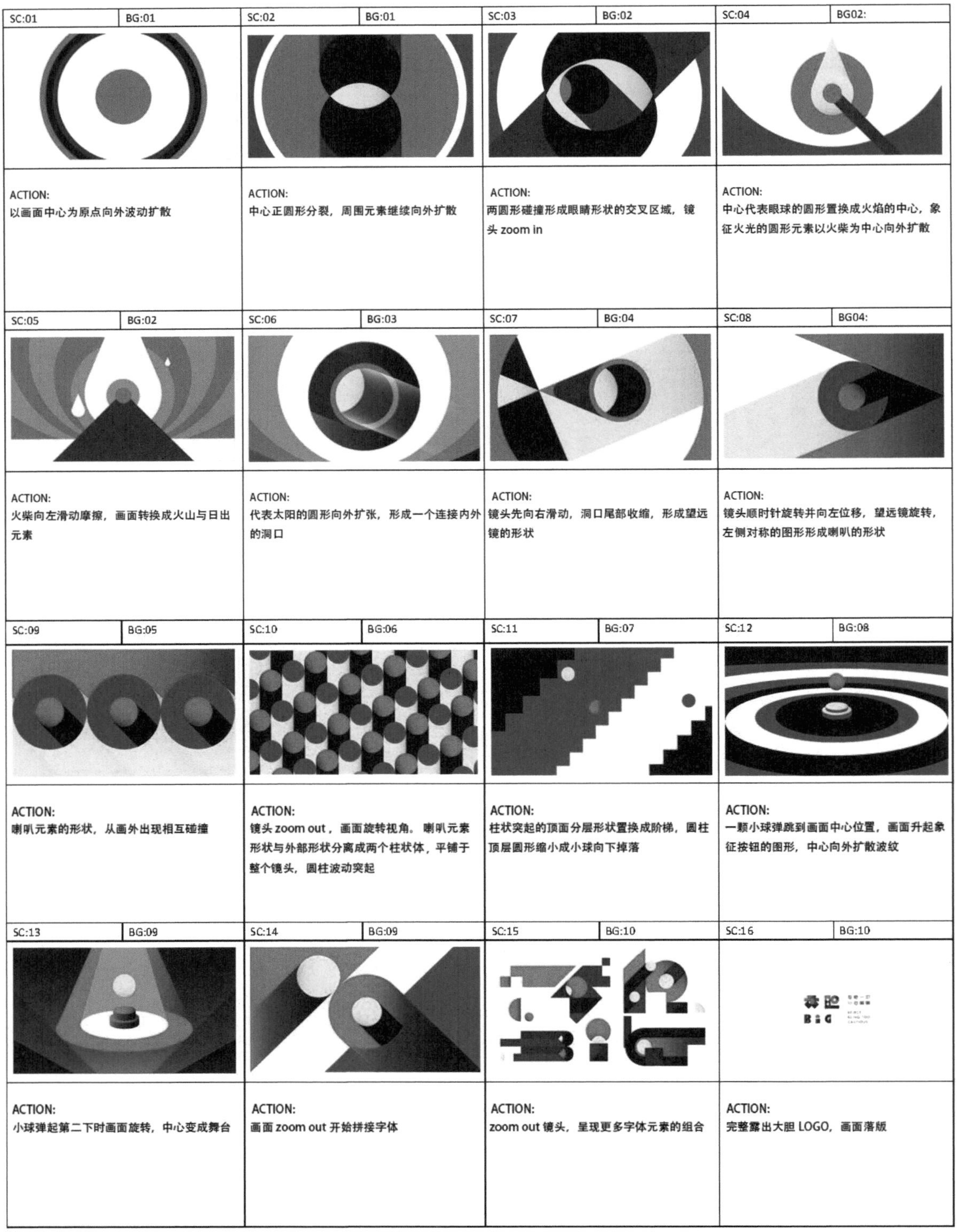

SC:01	BG:01	SC:02	BG:01	SC:03	BG:02	SC:04	BG02:
ACTION: 以画面中心为原点向外波动扩散		ACTION: 中心正圆形分裂，周围元素继续向外扩散		ACTION: 两圆形碰撞形成眼睛形状的交叉区域，镜头 zoom in		ACTION: 中心代表眼球的圆形置换成火焰的中心，象征火光的圆形元素以火柴为中心向外扩散	
SC:05	BG:02	SC:06	BG:03	SC:07	BG:04	SC:08	BG04:
ACTION: 火柴向左滑动摩擦，画面转换成火山与日出元素		ACTION: 代表太阳的圆形向外扩张，形成一个连接内外的洞口		ACTION: 镜头先向右滑动，洞口尾部收缩，形成望远镜的形状		ACTION: 镜头顺时针旋转并向左位移，望远镜旋转，左侧对称的图形形成喇叭的形状	
SC:09	BG:05	SC:10	BG:06	SC:11	BG:07	SC:12	BG:08
ACTION: 喇叭元素的形状，从画外出现相互碰撞		ACTION: 镜头 zoom out，画面旋转视角。喇叭元素形状与外部形状分离成两个柱状体，平铺于整个镜头，圆柱波动突起		ACTION: 柱状突起的顶面分层形状置换成阶梯，圆柱顶层圆形缩小成小球向下掉落		ACTION: 一颗小球弹跳到画面中心位置，画面升起象征按钮的图形，中心向外扩散波纹	
SC:13	BG:09	SC:14	BG:09	SC:15	BG:10	SC:16	BG:10
ACTION: 小球弹起第二下时画面旋转，中心变成舞台		ACTION: 画面 zoom out 开始拼接字体		ACTION: zoom out 镜头，呈现更多字体元素的组合		ACTION: 完整露出大胆 LOGO，画面落版	

图 8-6　《大胆 opening》设计稿

最终效果如图 8-7 所示。

图 8-7　《大胆 opening》最终效果

8.3　蛮牛工作室案例

项目名称：四分钟看懂毒品危害

项目概述

当初看了《湄公河行动》这部电影之后，我们感到非常震撼，萌生了一个想法，想要制作一部关于毒品科普的 MG 动画，向大众普及相关的知识，这个片子因此诞生。

该片所有的数据资料，都是通过各主流新闻报道收集而来。其中撰写脚本、平面设计和动画制作前后大概用了一个月的时间。该片在 2017 年 6 月 26 日国际禁毒日播出，当日收获千万点击量，后受到中国禁毒网、深圳禁毒和山东临沂南山法院等官方媒体和机构的认可，并被作为它们的官方公益宣传片。

制作公司：成都蛮牛文化传播有限公司

项目时长：4 分钟

制作周期：1 个月

人员名单

导演：魏编

文案：魏编

原画设计：梁静、叶玉瑶、刘雨田

动画设计：叶玉瑶、刘雨田

角色设定如图 8-8 所示。

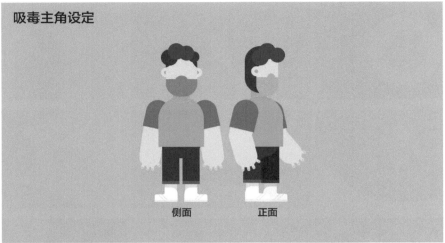

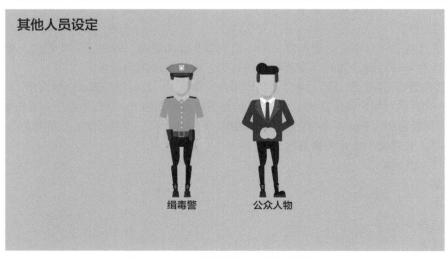

图 8-8　《四分钟看懂毒品危害》角色设定

场景设定如图 8-9 所示。

图 8-9　《四分钟看懂毒品危害》场景设定

分镜头脚本如图 8-10 所示。

图 8-10　《四分钟看懂毒品危害》分镜头脚本

最终效果如图 8-11 所示。

图 8-11　《四分钟看懂毒品危害》最终效果

8.4　创始人访谈录

刘建，北京市鲸梦文化传播有限公司联合创始人，中国传媒大学数字影视艺术硕士，曾出品、制作多部剧目，其中《迷偶》获 2011 年小剧场文化奖八项大奖。现活跃在互联网原生广告内容领域，作品引发热议，斩获诸多奖项。2014 年开始打造国内虚拟乐队鲸鱼岛乐队，并与电影《煎饼侠》、迪士尼的《超能陆战队》、综艺节目《奇葩说》第三季第四季等进行了多种跨界合作。

魏婷婷，毕业于中国传媒大学广告艺术设计系，广播电视媒体策划运营专业艺术硕士（MFA）。2011 年与人联合创立 LxU Studio，是中国较早开始探索并制作 MG 动画的设计师之一，一直在推动动态设计与广告营销信息传达的结合，现担任 LxU Studio 艺术总监，主要负责平面设计、插画、动态视觉的综合指导工作。LxU Studio 是一家内容营销与设计创新公司，依托设计、技术、广告三大领域，并通过三者的解构与重组，建立起一套多元跨度的工作体系，力求为客户提供信息传达的创意解决方案，创造优良的信息呈现形式，搭建信息与人沟通的最佳桥梁。LxU 服务的客户有阿里巴巴、腾讯、麦当劳等。

魏编，MG 动画设计师，蛮牛工作室创始人。创作的《设计师的七宗罪》是国内较早的一批 MG 动画，该片在设计行业内引起很大轰动。还曾创作《中国式教育》《五分钟看清儿童拐卖》《当成都遇见重庆》等优秀 MG 动画短片，所有短片累计点击量已超 10 亿。

MG 动画的制作周期是多长?

刘建：周期取决于两部分，第一个是时长，第二个是难度。通常情况下，1 ～ 2 分钟的 MG 动画，我们大概需要花 3 ～ 4 周制作完成。

魏婷婷：如果前期进展顺利，制作完成 1 ～ 2 分钟的短片需要 3 周左右的时间。

前期需要注意的关键点是什么?

魏婷婷：我们非常看重在最初阶段透彻了解客户的需求。通常接到客户的 brief（创意简报）以后，我们会先分析背后的目标受众、传播目标、传播媒介等。然后开一个创意会，讨论框架上的东西，例如是用讲故事的方式、是纯视觉的，还是音画结合的方式。确定下来一个调性之后，再找一些相关的参考。据我了解有些工作室经常还没有理解需求就开始做设计、做动画，后期就会频繁返工，非常麻烦，所以前期理解透彻非常重要。

魏编：MG 动画短片的文案，最重要的是两点。一是语句精简准确，短片的时长能够得到有效的控制；二是文字的画面感要强，这样设计师才能根据文字制作出丰富的内容。

魏婷婷：我强调一定要在前期和客户把文案敲定。这个东西会在制作过程中产生很大的影响。一句话是 5 秒钟说完还是 8 秒钟说完、这句是用 50 个字讲还是用 20 个字讲，非常影响后面的动画设计。如果在做动画的时候还需要进行改动，就会产生很大的成本。文案确定了，后续工作才会比较顺利地推进。

MG 动画的平面设计部分最大的难点是什么?

魏婷婷：首先是画什么内容，平面设计的调性要符合项目诉求。例如给老人观看的动画就不能那么五彩斑斓。它不像艺术家创作，想画什么按心情，而是需要根据诉求来定。有些东西为什么做成三维的、有些为什么做成平面的、它对于我要讲述的东西多重要，这些都是用来体现内容的。其次平面设计要给动态制作留有余地，例如分层、前后有遮挡关系，那么后面被遮挡的部分必须都画出来。我们就遇到过以前没接触过 MG 动画的设计师，到了我们工作室做设计时，被遮挡的部分不画出来，一放进 After Effects 中调动画，就露馅了。所以平面设计师也需要了解动画师的工作流程。

刘建：我们的团队是这样的一个流程，就算你进来应聘的是美术设计，来到我们公司前三四个月也需要把所有的流程都过一遍。导演也好，分镜师也好，平面设计师也好，都必须懂制作。你们不能太天马行空地想象，否则有些东西是实现不了的。有可能你画了很漂亮的分镜出来，我们的动画师做不出来。你画了一个特别漂亮的人物，然后细节特别多，但到了后期动画绑定阶段，可能那个角色动起来很麻烦或者是动起来效果特别差。所以我会要求做美术的人也必须进入动画室，参与动画制作这个阶段，要对整个制作流程都有所了解。

你认为 MG 动画在商业方面的优势是什么?

刘建：在商业领域当中，为什么 MG 动画出现的频率特别高？我认为核心原因只有一个，就是快。举一个例子，MG 动画适合很多互联网公司，因为他们自己本身的产品迭代很快，他们整个团队运转的节奏很快，他们需要尽快地把这些东西呈现出去。虽然和其他类型的作品比起来，MG 动画前期花的时间都是一样的，但到了中后期制作阶段，由于它的动作是在 After Effects 里去调，然后给成熟的动画师进行制作，它的优势就会突显出来。例如调角色动画，把骨骼绑定好，关键帧打好，那做动画的速度就会比传统手绘动画快一些，而且出来的效果还很不错。所以 MG 动画这种方式能在短时间内满足客户的很多需求。

从观众角度来说，现在移动终端比较发达，大家都利用智能手机去看视频，对应的一个小小的需求就是大家都想希望这东西能短一点，所以现在市场上你看到的大部分 MG 动画都是一两分钟。

魏婷婷：一是以前没出现过，在近几年是一个比较新颖的形式；二是社交媒体和视频类网站，作为平台和媒介对 MG 动画做了很有用的推荐，传播上有很大的便利；三是 MG 动画相对于传统动画来讲，制作周期还是相对较短的，可以快速制作。我记得我们的《北京房市》刚推的时候，微博也正是最火的时候，这样内外因加在一起就造成了这个东西的大火。

你怎么看待 MG 动画的当下和未来，是热潮退去后消失还是有其他替代品？

刘建：我觉得不会消失，按照行业的一个大趋势来说，我觉得它会变得越来越丰富。MG 动画不断在加入传统手绘动画或者别的形态的东西，这也是这个时代的一个特点，就是越来越包容，越来越综合。所以我不觉得它会消失，因为至少到目前为止我并没有看到一个更好的形式能去取代 MG 动画。我现在看到的是 Motion Graphic 涵盖的领域越来越宽，甚至有些人会把定格动画的元素也放进去。要说未来会不会有另一种形式去替代的话，肯定会有，就像 MG 动画替代了 Flash 动画，但 Flash 动画并没有消亡，它还存在。

魏婷婷：我觉得 MG 动画这种形式现在算是沉淀下来了。我觉得它不会消失，它会变成一个常规的表达方式。就像我们做动态信息图的时候，还非常新颖，因为之前没人做过。现在我们和客户做常规项目的时候，他们会给模板过来，其中就有动态长图或者动态流程图。你会发现曾经稀少的东西，在客户看来变成了常规的内容，客户代表市场。那 MG 动画也一样，以前是新东西，现在是常规的。我觉得 MG 动画的功能像是影像上的说明文，它传达的信息价值很大。现在动态影像越来越多，肯定会长期存在并深入各个行业。作为使用者不会在意什么形式，最后 MG 动画就会变成一个非常常规的信息媒介。

魏编：MG 动画会消失吗？我觉得并不会，而是会演变成更多样的形式，表现方式也会越来越多，在不同的地方发挥作用。就像曾经的平面设计，随着网络发展，很多转变成 UI 设计。MG 动画也会在各种平台上出现，电视、电影、手机、网页等，表现方式也从二维延伸到三维，未来也可能延伸到 AR、VR 等。所以，用"消失"来表述不准确，准确来讲，应该是"进化"。

作为管理层，你们在招聘动态图形设计师的时候最看重的能力是什么？

刘建：其实 HR 把简历递到我这里的时候，基本上我们已经淘汰掉了很多人，留下了两类人。第一类人技术很娴熟，是一个成熟的从业者。第二类人，他的东西可能相对来说比较稚嫩，但是你看他对作品节奏的把握，就会觉得这人很不错。这两类人面试的标准是不一样的。对于技术很成熟的人，我们聊得更多的是他对未来职业发展的思考和期待。因为我觉得，随着你制作经验更加丰富或者是在这个行业待得更久，应该会有自己明确的看法，例如每个阶段的职业规划，是继续做基础工作，还是想要带团队，独挑大梁。如果说他还是懵懵懂懂或者是缺乏思考，我们就会觉得这个人可能不是特别合适。而那些相对稚嫩的应聘者，我们更多地想了解他希望自己在团队里朝哪些方向去发展。因为对于成熟的公司来说，想看到两种人，一种是你带的团队能走多远，另一种是你配合团队能做成什么样，当然也会根据这两种标准来考察团队里的人。

魏婷婷：从技术方面来讲是节奏感。来我们这里面试的都有一个测试题。应聘平面设计的职位会被要求画分镜，因为平面设计的能力可以在作品中体现出来，但是我想知道他们是否了解动画这部分内容。应聘动态设计的职位，我通常会给他一段音乐，让他根据音乐做一小段 MG 动画，你从运动的曲线、切换画面的时间点就可以看出他制作的动画是否有节奏感。

传统动画和设计行业的朋友如果想踏入 MG 动画领域，有哪些忠告和建议？

刘建：其实我们团队之前有一位从广告设计公司过来的平面设计师，结果很失败，他只坚持了

4个月就离开了。因为有些设计师很多时候是一个人独立完成工作的，他对MG动画这种多人协作的流程是"水土不服"的，这个问题很严重。其实这位设计师平面设计做得很棒，专业能力很强，他是一位很资深的从业者，但到团队里面发现协作这件事情非常吃力。有的时候看到他做的东西很漂亮，但会发现拿到哪个环节都配合不了，别的同事做不出他的图，他的图拿到动画师那边也根本动不了，就算动起来也是一个大费周折的过程。

所以如果有朋友想进入这个行业的话，一定要记住这是一个多人协作的领域，一个作品的诞生是很多人一起努力的结果。而且这需要一个很漫长的学习和积累过程。有些人会觉得不都是在画东西，不都是在做设计吗？其实不是，这是一个不一样的工作流程和管理体系。平面设计师是你自己做出一张图就好了，一张图就是一张图。但在MG动画领域，一张图其实只是开始。

魏婷婷：之前我看过一个以平面设计为主的机构办了一场动态海报展，这些海报静止的时候看起来都很好看，但是动起来了以后你会发现节奏和变化方式都不太好，会给海报减分。我觉得如果平面设计师要做MG动画，应该先去了解动画规律，例如动画曲线等基本知识，再去让平面的元素动起来，效果会更好，不然画面就缺少节奏感。我觉得平面设计转动态设计的时候，很多人在这块会有欠缺。

还有一点建议是多看，培养对美的敏感度。如果是做纯视觉的工作，就培养对视觉的敏感度，你看得多了，哪些好哪些不好就能自己把握。而动画就要把握节奏的敏感度，我不会规定你这个动作做多少帧，但我要一遍遍地看，看这个动画舒不舒服，这就是靠感觉。很多人会问这个动画做多长，其实是没有答案的。

想要成为一名优秀的动态图形设计师，最需要具备的素质是什么？

刘建：自由和开放。我举个例子，有些人工作的时候，会不断地向别人提问，这个图可不可以这样？这个形象可不可以这样？这种人需要他的上司或者客户帮他确认所有细节，就像答题一样，你说什么就是什么。我认为抱着这样的心态不会走得特别远。我所谓的自由是指，例如我接到了客户需求，我可以用我的方式给他各种各样形式的表达，提供很多自己的解决方案，这是我认为的第一点。

而开放和自由息息相关，主要是指学习的能力。这个行业变化非常快，每个阶段甚至每个月流行的内容和形式都不一样。可能这个月流行的是音乐类型的MG动画，下个月流行的是小游戏类型，所以在这个过程当中会有很多新的信息源不断地进来。我们需要做的事情是先去了解新东西，然后知道怎样去学习，而不是故步自封。例如你有一个新的点子，你得知道疆域在哪、界限在哪、现在的行业制作水平在哪，你才能发现别人没有呈现出来的东西，才不会被行业抛弃。所以开放就是要有汲取外界信息的一个状态。

魏编：作为设计行业里的一个细分领域，它的工作性质很单纯。也正是因为这种单纯，才更需要从业者戒掉浮躁，沉下心来钻研学习。所以，我认为最需要具备的素质是——热爱。你是否真的热爱这个工作？如果你拼命做一件自己根本不喜欢的事，那这件事是很难做好的。只有发自内心地想做出一些好作品，才会抓紧一切空余时间搞创作。"热情"可以促使你不断地学习，而"利益"没这个功能。作为一个设计师，我很高兴我能从事我自己所喜欢的工作，它虽然并不能给我带来多大的名利，但是，我觉得从事自己热爱的事业本身就是一件很奢侈的事。